TRAINING 2016

Zentrale Prüfung

Mathematik 10. Klasse

Hauptschule Typ A · Gesamtschule GK
Nordrhein-Westfalen
2015

STARK

Bildnachweis
S. 1: © Granitepeaker/dreamstime.com
S. 4: © Johann Snymann/sxc.hu
S. 12: © Rajmund Barnas/sxc.hu
S. 16: © Ove Tøpfer/sxc.hu
S. 22: © Pedro Tavares/dreamstime.com
S. 23: © Martin Fetzer
S. 24: © petzi/PhotoCase.com
S. 30: © Jackie Egginton/dreamstime.com
S. 31: © Rido/fotolia.de
S. 32: © Kabel: © foto.fritz/fotolia.de
S. 34: © dreamstime.com
S. 35: Bagger: © Mike Ludkowski/dreamstime.com; Tischtennis © Sanja Gjenero/sxc.hu
S. 37: © Martinased/dreamstime.de
S. 46: Roller: © Michal Zacharzewski/sxc.hu; Lampe: © Sarah Barth/sxc.hu
S. 47: Pullover: © Maksim Shebeko/fotolia.de; Hose: © FX Berlin/fotolia.de;
T-Shirt: © Alx/fotolia.de
S. 50: © lidian neeleman/fotolia.de
S. 54: © Piotr Piotr/sxc.hu
S. 58: © Carmen Rother/carminaro.de
S. 64: © Eric Pasco/sxc.hu
S. 72: © Michael Flippo/fotolia.de
S. 79: © Isselee/dreamstime.com
S. 82: © Michael Heinrichs
S. 84: © Firina/dreamstime.com
S. 85: © Neckermann
S. 89: Silo: © Joe Gough/dreamstime.com
S. 92: © Volk65/dreamstime.com
S. 111: © MistikaS/iStockphoto.com
Sonstige Bilder: Redaktion

10. ergänzte Auflage
www.stark-verlag.de

Inhalt

Fortsetzung nächste Seite

Autoren:
Martin Fetzer, Walter Modschiedler, Walter Modschiedler jun.

Vorwort

Liebe Schülerin, lieber Schüler,

mit dem vorliegenden Buch kannst du dich besonders nachhaltig **bereits ab Klasse 9** auf die **zentrale Prüfung** vorbereiten, die nach Klasse 10 an **Hauptschulen (Typ A)** und an **Gesamtschulen (Grundkurs)** geschrieben wird.
Gerade bei einer zentral gestellten Prüfung ist das **Grundlagenwissen** besonders wichtig, da die Aufgaben auf möglichst breiten Kenntnissen auch aus früheren Jahrgangsstufen aufbauen. Die Prüfungsvorbereitung sollte deshalb eine Gesamtwiederholung darstellen.

- In diesem Buch beginnen wir daher mit einem ausführlichen **Trainingsteil**, in dem du sowohl den grundlegenden Stoff der früheren Klassen wiederholen als auch die Inhalte der 9. und 10. Jahrgangsstufe festigen kannst.
  Die einzelnen Kapitel bieten dir die Möglichkeit, dich auf sämtliche prüfungsrelevante Bereiche intensiv vorzubereiten. In allen zehn Kapiteln findest du insgesamt über **300 Aufgaben**, anhand derer du deine Fähigkeiten ganz gezielt auf Prüfungsniveau trainieren kannst. Übe am besten parallel zu dem Thema, das ihr gerade im Unterricht behandelt, mit den Aufgaben aus diesem Buch und bereite dich so **frühzeitig** auf die Anforderungen in der Prüfung vor.
  Die Aufgaben mit einer Glühbirne sind anspruchsvollere **Anwendungsaufgaben**, für die du mehr Zeit einplanen solltest. Oft musst du zur Lösung dieser Aufgaben nicht nur die Inhalte des aktuellen Kapitels anwenden, sondern auch Stoff, der darüber hinausgeht, beherrschen.

- Mit dem Vorwissen aus dem Trainingsteil kannst du dich an die **Original-Prüfungsaufgabe** wagen, die im letzten Schuljahr vom Kultusministerium in Nordrhein-Westfalen gestellt wurde. Sie soll dir einen Eindruck vermitteln, welche Anforderungen dich in der zentralen Prüfung erwarten. Versuche deshalb, unter echten Prüfungsbedingungen zu arbeiten und die Prüfung in der vorgegebenen Zeit von 100 Minuten zu lösen.
  Weitere Original-Prüfungsaufgaben zum Üben findest du in unserem **Band „Zentrale Prüfung“** (Titelnummer 535001).

- Zu diesem Buch ist ein separates **Lösungsbuch** (Titelnummer 53500L) erhältlich. Es enthält **ausführliche Lösungen**, in denen jeder Rechenschritt erklärt ist, sowie hilfreiche Hinweise und Tipps zur Bearbeitung der Prüfungsaufgaben.

- Sollten nach Erscheinen dieses Bandes noch **wichtige Änderungen** für die Abschlussprüfung 2016 bekannt gegeben werden, erhältst du **aktuelle Informationen** dazu im **Internet** unter: www.stark-verlag.de/pruefung-aktuell

Wenn du den Inhalt dieses Buches beherrschst, bist du bestens auf die Prüfung vorbereitet. Du wirst sehen: Übung macht den Meister!

Autoren und Verlag wünschen dir viel Erfolg in der Prüfung!

Hinweise zur zentralen Prüfung

In Nordrhein-Westfalen kannst du am Ende der 10. Klasse an der zentralen Prüfung zum Erwerb des Hauptschulabschlusses nach Klasse 10 oder des mittleren Schulabschlusses (Fachoberschulreife) teilnehmen. Die Prüfung umfasst je eine schriftliche Arbeit in den Fächern Deutsch, Mathematik und einer Fremdsprache (Englisch oder auf Wunsch des Schülers eine andere Fremdsprache, die ab Klasse 5 unterrichtet wurde).

Aufbau der Prüfung

Im Fach Mathematik besteht die schriftliche Prüfung aus zwei Teilen:

- Im **ersten Prüfungsteil** werden deine **Basiskompetenzen** in den verschiedenen Themenbereichen geprüft, die du im Laufe der Klassen 5 bis 10 erworben hast. Dieser Teil enthält mehrere, voneinander unabhängige Teilaufgaben zu grundlegenden mathematischen Sachverhalten. Zur Bearbeitung des ersten Teils sind **30 Minuten** vorgesehen.
- Im **zweiten Prüfungsteil** werden **komplexere Aufgaben** aus allen vier Themengebieten (Arithmetik/Algebra, Funktionen, Geometrie und Stochastik) gestellt. Die Aufgaben umfassen jeweils mehrere Teilaufgaben zu einem Kontext und beziehen sich auf den Unterricht in den **Jahrgangsstufen 9 und 10**. Die Aufgaben des zweiten Teils sind im Vergleich zum ersten Teil anspruchsvoller. Du musst hier oft länger nachdenken. Aber lass dich nicht entmutigen, auch wenn die Aufgabe anfangs schwer erscheint. Bleib ruhig und überlege, dann wirst du Zusammenhänge erkennen und auch knifflige Aufgaben lösen können. Der Arbeitszeitanteil umfasst im zweiten Teil **60 Minuten**.
- Zu den oben genannten Bearbeitungszeiten stehen zusätzlich **10 Minuten Bonuszeit** zur ersten Orientierung zur Verfügung. Für die gesamte Prüfung hast du also insgesamt **100 Minuten** Zeit.

Inhalte und Schwerpunkte

Grundlage für die zentral gestellten Aufgaben der schriftlichen Prüfung sind die Vorgaben des Kernlehrplans. Nachfolgend sind Beispiele von Aufgaben aufgelistet, anhand derer die geforderten Kompetenzen geübt werden können:

Basiskompetenzen	**Beispielaufgaben im Buch**
▶ Bestimmung von Längen, Flächen und Volumina sowie Winkeln bei einfachen Figuren und Körpern	▶ Training: 181–184, 204–207, 213–214, 230, 232, 234–235, 241, 247–250, 272, 274–278
▶ Erkennen und Anwenden von einfachen proportionalen, antiproportionalen und linearen Zuordnungen	▶ Training: 78–89, 93–103, 106–109
▶ Bestimmen von Prozentwerten, Grundwerten und Prozentsätzen	▶ Training: 118–127
▶ Entnahme mathematischer Informationen aus einfachen Texten, Grafiken und Diagrammen	▶ Training: 40, 58, 106, 112–113, 130, 135–136
▶ Ordnen und Vergleichen von rationalen Zahlen	▶ Training: 20–22, 40
▶ Umgang mit statistischen Kennwerten (arithmetisches Mittel und Median)	▶ Training: 156–159, 161–163

Themenspezifische Kompetenzen	Beispielaufgaben im Buch
Arithmetik/Algebra	
▶ Überprüfung von vorgegebenen Aufgabenlösungen	▶ Training: 108, 109, 112, 168, 174
▶ Sachrechnen (z. B. Berechnung von Kosten, Bestimmung von Anzahlen oder Größen)	▶ Training: 51–61, 74–77, 185, 211–212, 227–229, 252–253
Funktionen	
▶ Erstellung, Nutzung und Interpretation von Modellen aus den Bereichen: – Prozent- und Zinsrechnung – Weg-Zeit-Zusammenhänge	▶ Training: 112–117, 122–150
▶ Erkunden von Zuordnungen (z. B. mithilfe des Taschenrechners oder einer Tabellenkalkulation)	▶ Training: 167–168
▶ Analyse und Bewertung funktionaler Zusammenhänge in authentischen Texten	▶ Training: 106–107
▶ Interpretation von grafischen Darstellungen funktionaler Zusammenhänge	▶ Training: 90–92, 104–106, 109, 110–113, 116
Geometrie	
▶ Bestimmung unbekannter Größen durch Zerlegen von Figuren oder mithilfe des Satzes von Pythagoras	▶ Training: 187–198, 208–210, 221–229, 239–240, 264–270
▶ Erstellung, Nutzung und Interpretation von Modellen aus dem Bereich Verpackungen und Werksstücke	▶ Training: 233, 245, 286
▶ Nutzung verfügbarer Werkzeuge (z. B. Nutzung von Zirkel und Geodreieck oder Geometriesoftware)	▶ Training: 293–301
Stochastik	
▶ Analyse von grafischen Darstellungen statistischer Daten und deren Manipulation	▶ Training: 138, 172–174
▶ Zuordnungen von Diagrammen zu gegebenen Realsituationen	▶ Training: 169–171
▶ Auswertung und Darstellung von Daten, insbesondere die Bestimmung statistischer Kennwerte	▶ Training: 151–168

Bewertung

Die Bewertung deiner schriftlichen Prüfung erfolgt durch die Vergabe von Punkten. Die Punkteverteilung der letzten Abschlussprüfung findest du am Ende der dazugehörigen Lösungen. Für formale Richtigkeit werden Zusatzpunkte vergeben. Achte deshalb auf die richtigen Maßeinheiten, zeichne sauber und genau und stelle den Lösungsweg nachvollziehbar dar. Vergiss auch nicht, einen Antwortsatz zu formulieren.

Hilfsmittel

In Mathematik darfst du in der schriftlichen Prüfung folgende Hilfsmittel verwenden:

- Zirkel und Geodreieck,
- eine handelsübliche Formelsammlung oder die im Bildungsportal bereitgestellte Formelsammlung,
- wissenschaftliche Taschenrechner, d.h. alle für die Schule üblichen elektronischen Rechenhilfen.

Mathematische Formeln

Flächen

Quadrat

$A = a \cdot a$

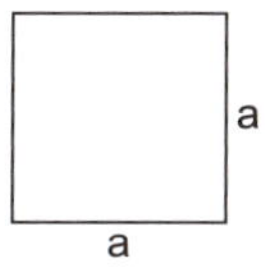

Rechteck

$A = a \cdot b$

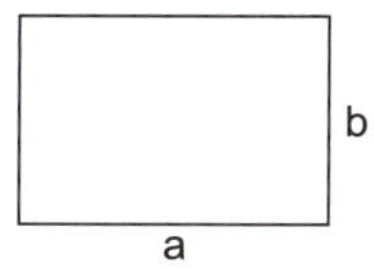

Dreieck

$A = \frac{g \cdot h}{2}$

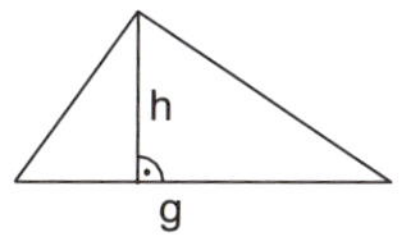

Parallelogramm

$A = g \cdot h$

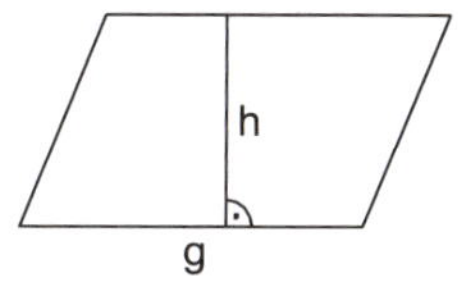

Trapez

$A = \frac{a + c}{2} \cdot h$

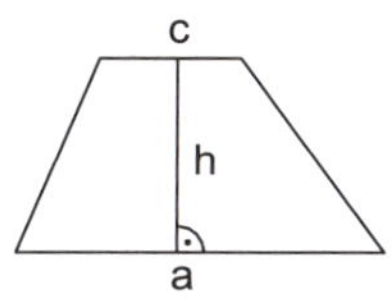

Kreis

$A = \pi \cdot r^2$

$u = 2 \cdot \pi \cdot r$

$u = \pi \cdot d$

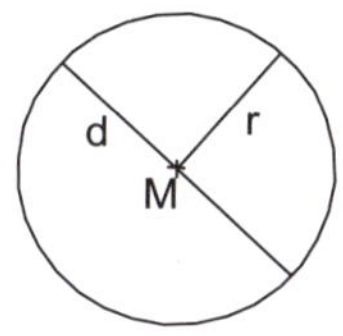

Körper

Würfel

$V = a^3$

$A_O = 6 \cdot a^2$

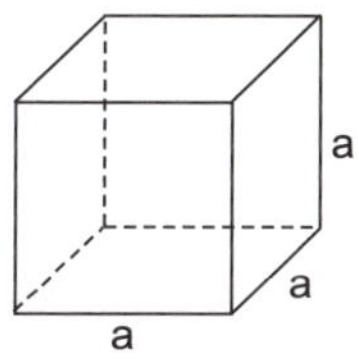

Quader

$V = a \cdot b \cdot c$

$A_O = 2ab + 2ac + 2bc$

$A_O = 2(ab + ac + bc)$

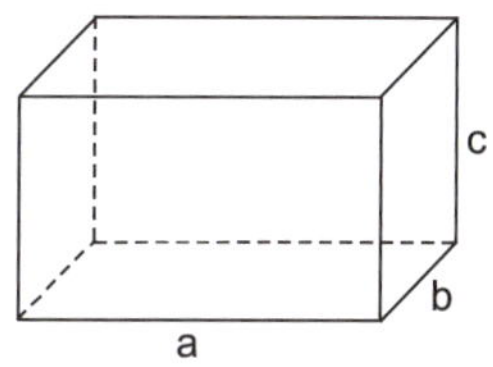

Prisma

$V = A_G \cdot h_k$

$A_O = 2 \cdot A_G + A_M$

A_G: Grundfläche
A_M: Mantelfläche

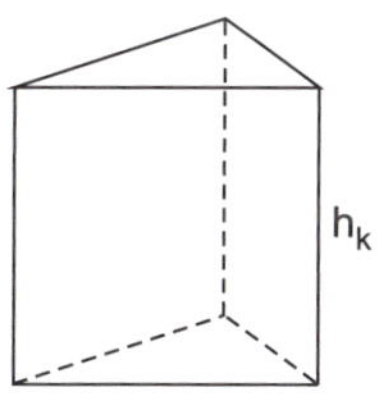

Zylinder

$V = A_G \cdot h_k$

$A_M = 2 \cdot \pi \cdot r \cdot h_k$

$A_O = 2 \cdot A_G + A_M$

$A_O = 2\pi r^2 + \pi d h_k$

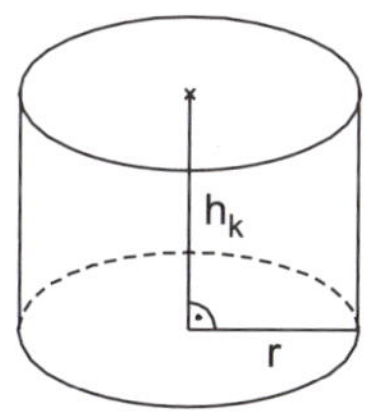

Pyramide
(quadratische)

$V = \frac{1}{3} \cdot A_G \cdot h_k$

$A_O = A_G + A_M$

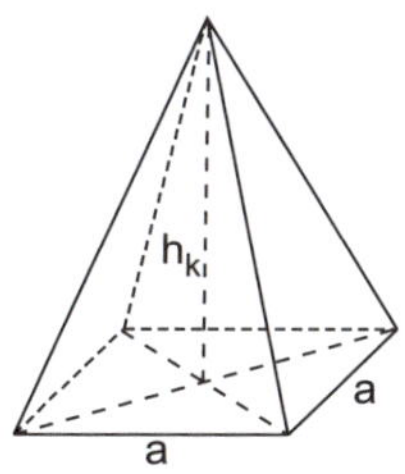

Kegel

$V = \frac{1}{3} \cdot A_G \cdot h_k$

$s = \sqrt{r^2 + h_k^2}$

$A_M = \pi \cdot r \cdot s$

$A_O = A_G + A_M$

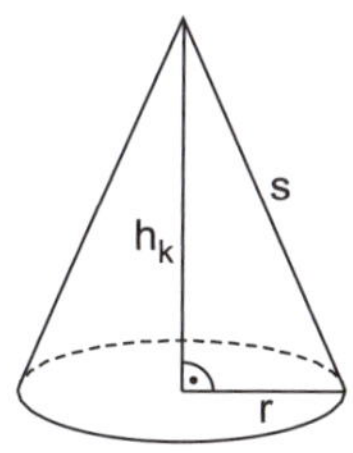

Satz des Pythagoras

Im rechtwinkligen Dreieck gilt:
$a^2 + b^2 = c^2$

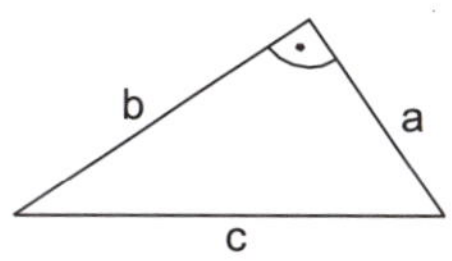

Prozent- und Zinsrechnung

P: Prozentwert
G: Grundwert
p %: Prozentsatz

$P = \frac{G \cdot p}{100}$

K: Kapital
t: Tage
p %: Zinssatz
Z: Zinsen

$Z = K \cdot \frac{p}{100} \cdot \frac{t}{360}$

Training Grundwissen

1 Grundlagen des Rechnens

Grundbegriffe und Rechenregeln

Merke

Grundrechenarten
Es gibt vier Grundrechenarten: Die **Addition** (addieren, +), die **Subtraktion** (subtrahieren, –), die **Multiplikation** (multiplizieren, ·) und die **Division** (dividieren, :).

Beispiele

1. $\underbrace{\underset{\text{1. Summand}}{5} + \underset{\text{2. Summand}}{7}}_{\text{Summe}} = \underset{\text{Wert der Summe}}{12}$

2. $\underbrace{\underset{\text{Minuend}}{8} - \underset{\text{Subtrahend}}{5}}_{\text{Differenz}} = \underset{\text{Wert der Differenz}}{3}$

3. $\underbrace{\underset{\text{1. Faktor}}{12} \cdot \underset{\text{2. Faktor}}{5}}_{\text{Produkt}} = \underset{\text{Wert des Produkts}}{60}$

4. $\underbrace{\underset{\text{Dividend}}{99} : \underset{\text{Divisor}}{11}}_{\text{Quotient}} = \underset{\text{Wert des Quotienten}}{9}$

Merke

Rechenregeln
- Was in der Klammer steht, wird zuerst berechnet!
- Punkt vor Strich: Mal und Geteilt vor Plus und Minus!

Beispiele

1. $15-(5+8)+9=$
   $15-\ \ 13\ \ +9=11$
   Berechne zuerst was in der Klammer steht.

2. $10:5+6\cdot 4-8=$
   $2\ +\ 24\ -8=18$
   Beachte die Regel „Punkt vor Strich“.

Aufgabe 1

Berechne. Achte auf die Rechenregeln.

a) $4\cdot(3+5)$
b) $(2{,}5-0{,}5)\cdot 14$
c) $18:(29-23)$
d) $2+3\cdot 14+8+22\cdot 5$
e) $(53+28):9-5$
f) $41+(2+11)\cdot 2$

Runden und Überschlagen

Merke

Überschlagsrechnen

Auch wenn du den Taschenrechner verwenden darfst, ist die Kontrolle durch eine Überschlagsrechnung hilfreich. Du könntest dich ja vertippt haben.

- **Runde** die Zahlen: Bei **0, 1, 2, 3, 4** wird **ab-**, bei **5, 6, 7, 8, 9** wird **aufgerundet**.
- Berechne das gerundete Ergebnis.
- Berechne das genaue Ergebnis.
- **Vergleiche die Ergebnisse**. Ist der Unterschied zwischen dem gerundeten Ergebnis und dem genauen Ergebnis sehr groß, hast du dich verrechnet. Überprüfe deine Rechnungen.

Beispiele

1. Runde auf zwei Stellen nach dem Komma.

   Stelle, auf die gerundet wird

   1,714 1,857

   Stelle, die angibt, ob aufgerundet oder abgerundet wird.

   Lösung:

   1,7**14** ≈ 1,7**1** Die 3. Dezimalstelle ist eine 4. Es wird abgerundet.

   1,8**57** ≈ 1,8**6** Die 3. Dezimalstelle ist eine 7. Es wird aufgerundet.

2. Überschlage zunächst und berechne dann genau:

   $118 + 94 =$

   Lösung:

   Überschlag:

   $118 + 94 \approx 120 + 90 = 210$

   Genaues Ergebnis:

   $118 + 94 = 212$

Aufgaben

2 Überschlage zunächst das Ergebnis und berechne dann genau.

a) $785 + 698$
b) $569{,}55 - 178{,}65$
c) $67 \cdot 23$
d) $8{,}37 : 1{,}85$

3 Addiere die kleinste natürliche Zahl, die auf Hunderter gerundet 800 ergibt, mit der größten natürlichen Zahl, die auf Zehntausender gerundet 60 000 ergibt. Überschlage zunächst.

4 Tim geht für seine Mutter zum Einkaufen. Er besorgt ein Kilo Äpfel für 2,10 €, zwei Liter Milch à 1,19 €, fünf Kürbiskernbrötchen für je 85 Cent und drei Packungen Bio-Müsli für je 2,49 €. Seine Mutter gibt ihm einen 20-€-Schein mit.
Reicht das Geld noch für ein Eis? Überschlage.

Rechnen mit Brüchen

Merke

Bruchbegriff
Für Brüche gibt es **unterschiedliche Schreibweisen**. Das folgende Beispiel hilft dir bestimmt, den Bruchbegriff besser zu verstehen.

Beispiel

Darstellung	Sprechweise	Bruch	Hundertstelbruch	Dezimalbruch	Prozentsatz
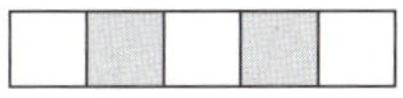	2 Teile von 5 Teilen	$\frac{2}{5}$	$\frac{40}{100}$	0,4	40 %
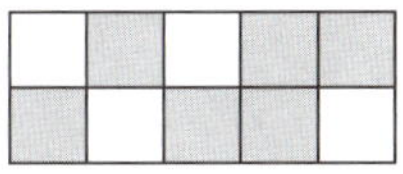	6 Teile von 10 Teilen	$\frac{6}{10}$	$\frac{60}{100}$	0,6	60 %

Aufgaben

5 Vervollständige die Tabelle.

	Darstellung	Sprechweise	Bruch	Hundertstelbruch	Dezimalbruch	Prozentsatz
a)	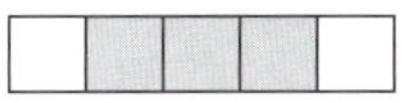					
b)		7 Teile von 10 Teilen				
c)			$\frac{3}{10}$			
d)				$\frac{90}{100}$		
e)					0,25	
f)						75 %

6 Stelle den Bruch jeweils in einer geeigneten Grafik dar.

a) $\frac{2}{6}$
b) $\frac{3}{9}$
c) $\frac{8}{14}$
d) $\frac{4}{12}$
e) $\frac{9}{10}$
f) $\frac{1}{8}$

7 Wandle den Dezimalbruch zunächst in einen Hundertstelbruch um und kürze dann, wenn möglich.

a) 0,45
b) 0,82
c) 0,32
d) 0,22
e) 0,15
f) 0,08

8 Welcher Bruchteil ist grau markiert? Wandle auch in Prozent um.

a) 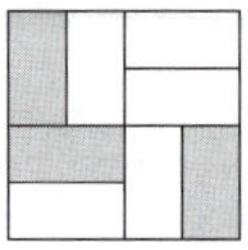

b) 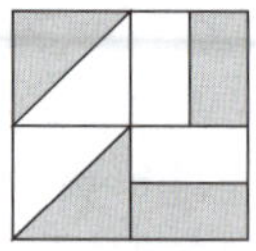

c) 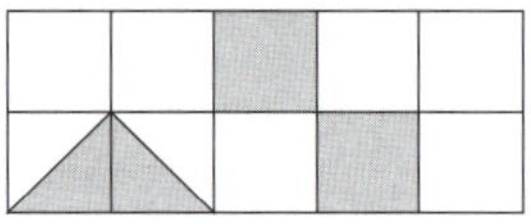

d) 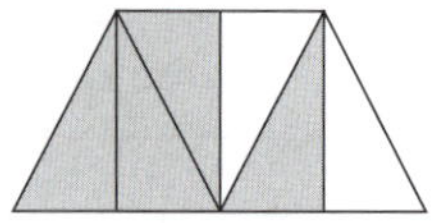

9 Welcher Prozentsatz der Fläche ist grau markiert? Gib zuerst den Bruchteil an.

a) 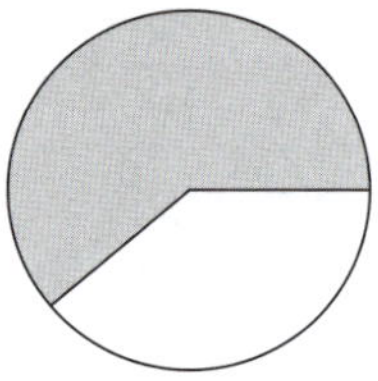

b) 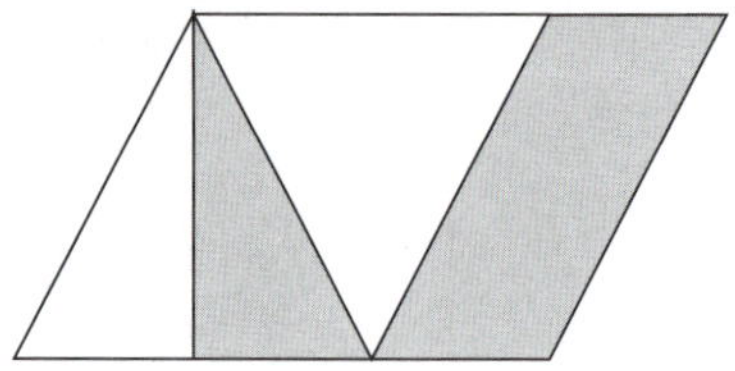

c) 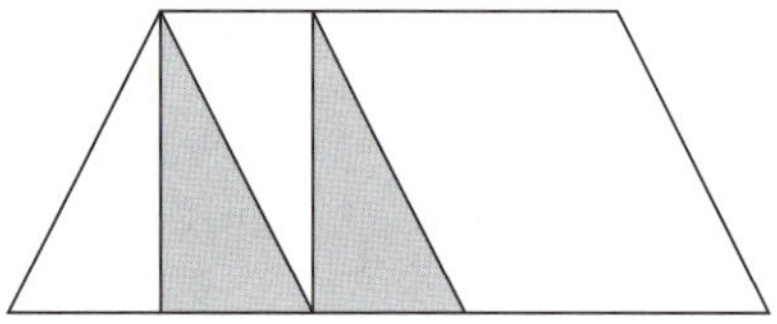

d) 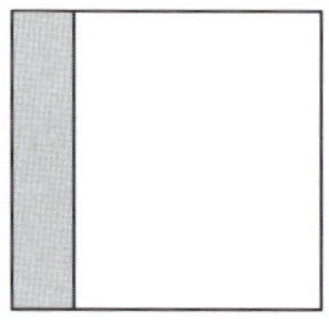

10 Färbe von den Flächen jeweils 50 % rot, 10 % grün, 15 % blau und 25 % gelb.

a) 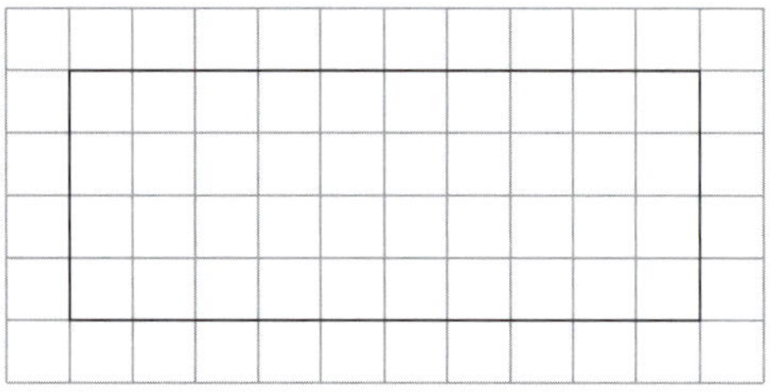

b) 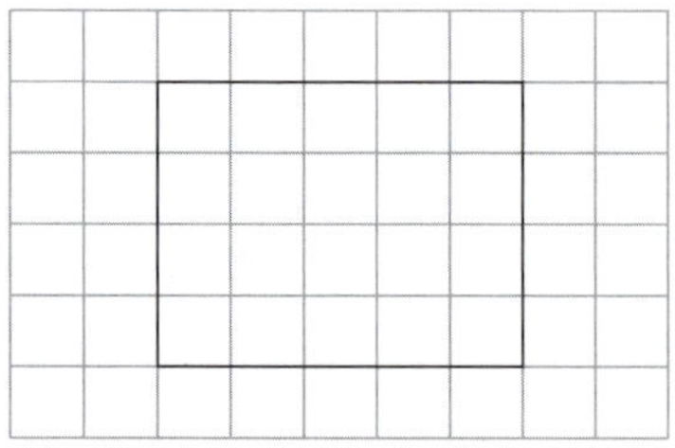

c) 

d) 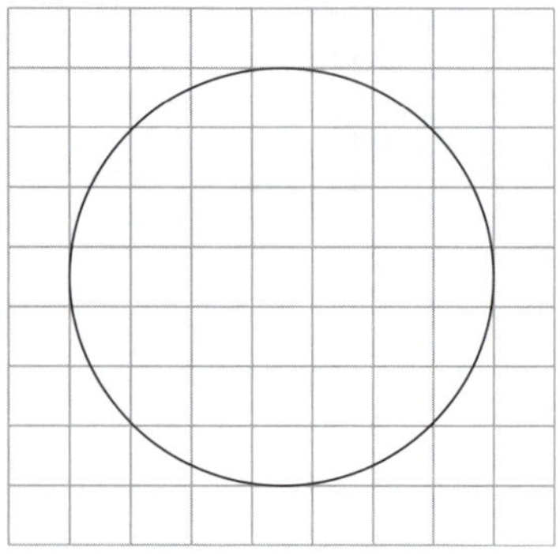

11 Ergänze die Darstellung der Bruchteile zu einem Ganzen.

a) $\frac{4}{10}$ 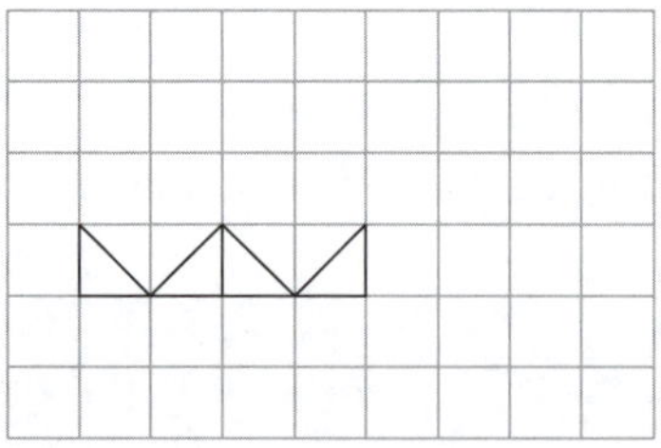

b) $\frac{2}{7}$ 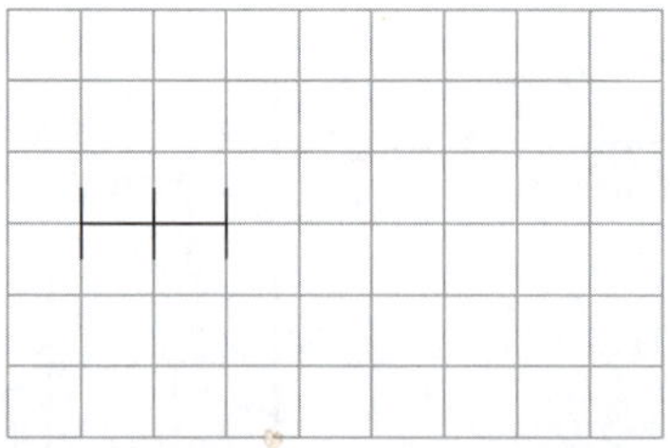

Merke

Echter Bruch, unechter Bruch, gemischte Zahl

- Ist der **Zähler** eines Bruches **kleiner als der Nenner**, spricht man von einem **echten Bruch.**
- Ist der **Zähler** eines Bruches **größer als der Nenner** oder **gleich dem Nenner**, spricht man von einem **unechten Bruch**.
- **Gemischte Zahlen** bestehen aus ganzen Zahlen und echten Brüchen.

Beispiele

1. Wandle den unechten Bruch $\frac{16}{3}$ in eine gemischte Zahl um.
   Lösung:
   $\frac{16}{3} = 16 : 3 = 5 \text{ Rest } 1 \quad \Rightarrow \quad \frac{16}{3} = 5 + 1 : 3 = 5 + \frac{1}{3} = 5\frac{1}{3}$

2. Wandle die gemischte Zahl $3\frac{2}{5}$ in einen unechten Bruch um.
   Lösung:
   $3\frac{2}{5} = 3 + \frac{2}{5} = \frac{3 \cdot 5}{5} + \frac{2}{5} = \frac{15}{5} + \frac{2}{5} = \frac{15 + 2}{5} = \frac{17}{5}$

Aufgaben

12 Schreibe als gemischte Zahl.

a) $\frac{13}{3}$ b) $\frac{18}{2}$

c) $\frac{32}{7}$ d) $\frac{45}{2}$

13 Schreibe als unechten Bruch.

a) $4\frac{2}{3}$ b) $2\frac{7}{10}$

c) $10\frac{1}{6}$ d) $7\frac{3}{5}$

Merke

Brüche erweitern und kürzen

- Ein Bruch wird **erweitert**, indem Zähler und Nenner **mit der gleichen Zahl** (Erweiterungszahl) **multipliziert** werden. Der Wert des Bruchs bleibt dabei unverändert.
- Ein Bruch wird **gekürzt**, indem Zähler und Nenner **durch die gleiche Zahl** (Kürzungszahl) **dividiert** werden. Der Wert des Bruchs bleibt dabei unverändert.

Beispiele

1. Erweitere den Bruch $\frac{2}{3}$ mit 4.
   Lösung:
   $\frac{2}{3} = \frac{2 \cdot 4}{3 \cdot 4} = \frac{8}{12}$
   Die Erweiterungszahl ist 4. Zähler und Nenner werden mit 4 multipliziert.

2. Kürze den Bruch $\frac{6}{9}$.
   Lösung:
   $\frac{6}{9} = \frac{6 : 3}{9 : 3} = \frac{2}{3}$
   Die Kürzungszahl ist 3. Zähler und Nenner werden durch 3 dividiert.

3. Kürze den Bruch $\frac{24}{36}$. Zerlege Zähler und Nenner dazu in ihre Primfaktoren.
Lösung:

$$\frac{24}{36} = \frac{\not{2} \cdot \not{2} \cdot 2 \cdot \not{3}}{\not{2} \cdot \not{2} \cdot \not{3} \cdot 3} = \frac{2}{3}$$

Faktoren, die im Zähler **und** im Nenner vorkommen, kannst du kürzen.

Aufgaben

14

a) Erweitere $\frac{4}{7}$ jeweils mit 3 (4; 6; 8).

b) Erweitere $\frac{3}{5}$ jeweils mit 2 (7; 8; 10).

c) Erweitere $\frac{5}{8}$ jeweils mit 2 (3; 5; 6).

d) Erweitere $\frac{3}{4}$ jeweils mit 6 (9; 12; 15).

15

Bestimme die Erweiterungszahl und berechne den fehlenden Zähler oder Nenner.

a) $\frac{3}{10} = \frac{\square}{50}$

b) $\frac{3}{8} = \frac{\square}{48}$

c) $\frac{3}{4} = \frac{9}{\square}$

d) $\frac{5}{6} = \frac{25}{\square}$

16

Bestimme jeweils die gemeinsame Kürzungszahl und kürze beide Brüche.

a) $\frac{4}{10}$ und $\frac{6}{14}$

b) $\frac{15}{25}$ und $\frac{10}{45}$

c) $\frac{8}{24}$ und $\frac{16}{40}$

d) $\frac{16}{20}$ und $\frac{4}{44}$

e) $\frac{22}{77}$ und $\frac{11}{121}$

f) $\frac{9}{72}$ und $\frac{27}{63}$

17

Zerlege Zähler und Nenner in Primfaktoren und kürze die Brüche soweit wie möglich.

a) $\frac{8}{24}$

b) $\frac{15}{105}$

c) $\frac{24}{44}$

d) $\frac{22}{99}$

Merke

Hauptnenner
Um Brüche miteinander zu vergleichen, braucht man einen **gleichen gemeinsamen Nenner** (Hauptnenner), d. h., jeder einzelne Nenner muss Teiler des Hauptnenners sein.

Beispiel

Welcher Bruch ist kleiner, $\frac{3}{4}$ oder $\frac{5}{6}$?
Lösung:

$$\frac{3}{4} = \frac{3 \cdot \mathbf{3}}{4 \cdot \mathbf{3}} = \frac{9}{12}$$

Der Hauptnenner ist 12.
Die Erweiterungszahl des ersten Bruchs ist 3.
Multipliziere Zähler und Nenner mit 3.

$$\frac{5}{6} = \frac{5 \cdot \mathbf{2}}{6 \cdot \mathbf{2}} = \frac{10}{12}$$

Der zweite Bruch wird mit 2 erweitert.
Multipliziere Zähler und Nenner mit 2.

$$\frac{9}{12} < \frac{10}{12} \Rightarrow \frac{3}{4} < \frac{5}{6}$$

Aufgaben

18 Welcher Bruch ist kleiner?

a) $\frac{2}{5}$ oder $\frac{5}{10}$

b) $\frac{1}{2}$ oder $\frac{3}{8}$

c) $\frac{5}{6}$ oder $\frac{7}{8}$

d) $\frac{3}{4}$ oder $\frac{9}{10}$

19 Gib jeweils einen Bruch an, der zwischen folgenden Brüchen liegt.

a) $\frac{4}{6}$ und $\frac{5}{9}$

b) $\frac{2}{3}$ und $\frac{2}{5}$

c) $\frac{2}{5}$ und $\frac{3}{5}$

d) $\frac{1}{2}$ und $\frac{1}{3}$

20 Bei einem Fernsehquiz wird der erste Gewinner gefragt, ob er lieber sieben Achtel, vier Sechstel, 75 % oder die Hälfte der Gewinnsumme hätte.
Wie würdest du dich entscheiden?

21 Was ist schwerer: $\frac{7}{8}$ kg oder …

a) 0,85 kg?

b) 0,87501 kg?

c) $\frac{19}{20}$ kg?

d) $\frac{8}{10}$ kg?

22 Ordne die Zahlen der Größe nach. Beginne mit der kleinsten Zahl.

0,202 $\frac{1}{20}$ $\frac{2}{5}$ 0,047 $1\frac{1}{4}$ $\frac{3}{8}$

Merke

Addition und Subtraktion von Brüchen

- Brüche kannst du nur dann addieren oder subtrahieren, wenn sie **gleichnamig** sind (einen **gemeinsamen Nenner** besitzen).
- Sind die Brüche gleichnamig, werden die **Zähler addiert oder subtrahiert**, der **Nenner** bleibt **unverändert**.
- Sind die Brüche **ungleichnamig**, musst du zuerst den **Hauptnenner suchen**.

Beispiel

Addiere und subtrahiere die ungleichnamigen Brüche $\frac{4}{5}$ und $\frac{2}{3}$.

Lösung:

Addition	Subtraktion	
$\frac{4}{5}+\frac{2}{3}=\frac{4\cdot 3}{5\cdot 3}+\frac{2\cdot 5}{3\cdot 5}=$	$\frac{4}{5}-\frac{2}{3}=\frac{4\cdot 3}{5\cdot 3}-\frac{2\cdot 5}{3\cdot 5}=$	Erweitere auf den Hauptnenner 15.
$\frac{12}{15}+\frac{10}{15}=$	$\frac{12}{15}-\frac{10}{15}=$	Fasse zusammen.
$\frac{12+10}{15}=$	$\frac{12-10}{15}=$	Addiere bzw. subtrahiere die Zähler.
$\frac{22}{15}=1\frac{7}{15}$	$\frac{2}{15}$	Wandle das Ergebnis in eine gemischte Zahl um, falls möglich.

Aufgabe 23

Bestimme den Hauptnenner und addiere oder subtrahiere die Brüche.
Kürze und gib das Ergebnis jeweils als gemischte Zahl an, falls möglich.

a) $\frac{3}{4}+\frac{1}{2}$

b) $\frac{7}{12}+\frac{2}{3}$

c) $\frac{17}{20}-\frac{1}{5}$

d) $\frac{5}{2}-\frac{3}{4}$

e) $\frac{3}{4}+\frac{5}{8}+\frac{11}{16}$

f) $\frac{11}{12}-\frac{1}{6}-\frac{3}{4}$

g) $\frac{13}{15}+\frac{3}{5}-\frac{7}{30}$

h) $\frac{17}{16}+\frac{5}{8}-\frac{3}{4}$

Merke

Addieren und Subtrahieren von gemischten Zahlen
- Wandle die gemischten Zahlen in **unechte Brüche** um.
- Addiere oder subtrahiere die unechten Brüche.
- Falls möglich, kürze das Ergebnis und wandle es wieder in eine gemischte Zahl um.

Beispiel

Addiere die ungleichnamigen Brüche $3\frac{1}{4}$ und $2\frac{5}{6}$.
Lösung:

$3\frac{1}{4}+2\frac{5}{6}=\frac{13}{4}+\frac{17}{6}=$ — Wandle in unechte Brüche um.

$\frac{13\cdot 3}{4\cdot 3}+\frac{17\cdot 2}{6\cdot 2}=\frac{39+34}{12}=$ — Addiere die unechten Brüche. Erweitere dazu auf den Hauptnenner.

$\frac{73}{12}=6\frac{1}{12}$ — Wandle den unechten Bruch in eine gemischte Zahl um.

Aufgabe 24

Berechne.

a) $5\frac{2}{5}+7\frac{1}{2}$

b) $6\frac{2}{3}+2\frac{4}{5}$

c) $3\frac{3}{4}+9\frac{1}{10}$

d) $6\frac{4}{5}-5\frac{7}{12}$

e) $3\frac{4}{7}-1\frac{5}{6}$

f) $10\frac{1}{9}-7\frac{5}{6}$

Merke

Multiplizieren von Brüchen
- Beim Multiplizieren von Brüchen werden **jeweils die Zähler und die Nenner** der einzelnen Brüche miteinander **multipliziert**.
- **Kürze**, falls möglich, vor dem Ausmultiplizieren.
- **Gemischte Zahlen** musst du vor dem Multiplizieren in **unechte Brüche** umwandeln.

Beispiel

Multipliziere $\frac{5}{9}$ und $\frac{3}{10}$.

Lösung:

$$\frac{5}{9} \cdot \frac{3}{10} = \frac{5 \cdot 3}{9 \cdot 10} =$$

$$\frac{\not{5} \cdot \not{3}}{3 \cdot \not{3} \cdot 2 \cdot \not{5}} = \frac{1}{2 \cdot 3} = \frac{1}{6}$$

$\frac{\text{Zähler} \cdot \text{Zähler}}{\text{Nenner} \cdot \text{Nenner}}$

Kürze vor dem Ausmultiplizieren.

Aufgaben

25 Multipliziere und kürze vollständig.

a) $\frac{7}{8} \cdot \frac{3}{7}$

b) $\frac{5}{6} \cdot \frac{3}{5}$

c) $\frac{3}{4} \cdot \frac{2}{5} \cdot \frac{1}{6}$

d) $\frac{8}{9} \cdot \frac{3}{4} \cdot \frac{5}{6}$

26 Wie viel ist…

a) ein Viertel von 100 m?

b) $\frac{2}{5}$ von 25 €?

c) $\frac{1}{2}$ von einem Kilogramm?

d) ein Zehntel von einem Liter?

Merke

Dividieren von Brüchen

- Beim Dividieren von Brüchen wird zunächst der **Kehrwert des zweiten Bruchs** gebildet.
- Anschließend wird der erste Bruch mit dem Kehrwert des zweiten Bruchs **multipliziert.**
- **Gemischte Zahlen** musst du vor dem Dividieren in **unechte Brüche** umwandeln.

Beispiel

Dividiere $\frac{4}{15}$ durch $\frac{8}{3}$.

Lösung:

$$\frac{4}{15} : \frac{8}{3} = \frac{4}{15} \cdot \frac{3}{8} = \frac{4 \cdot 3}{15 \cdot 8} =$$

$$\frac{\not{2} \cdot \not{2} \cdot \not{3}}{\not{3} \cdot 5 \cdot \not{2} \cdot \not{2} \cdot 2} = \frac{1}{5 \cdot 2} = \frac{1}{10}$$

Multipliziere mit dem Kehrwert.
Der Kehrwert von $\frac{8}{3}$ ist $\frac{3}{8}$.

Kürze vor dem Ausmultiplizieren.

Aufgaben

27 Dividiere und kürze vollständig.

a) $\frac{6}{14} : \frac{8}{7}$

b) $\frac{5}{6} : \frac{5}{3}$

28 Addiere, subtrahiere, multipliziere und dividiere jeweils die angegebenen Bruchpaare. Beachte dabei: $18 = \frac{18}{1}$. Kürze, wenn möglich.

a) $\frac{5}{6}$ und $\frac{2}{3}$

b) $\frac{8}{9}$ und $\frac{2}{3}$

c) $\frac{7}{8}$ und $\frac{5}{6}$

d) $\frac{4}{6}$ und $\frac{2}{4}$

e) 18 und $\frac{3}{5}$

f) 25 und $\frac{12}{5}$

29 Der Tank eines Autos fasst genau 60 Liter. Der durchschnittliche Verbrauch liegt bei acht Litern auf 100 Kilometer.
Wie viele Liter Benzin sind noch im Auto und wie viele Kilometer kann man noch fahren, wenn…

a) der Tank noch halb voll ist?
b) man bereits zwei Drittel des Tankinhalts verbraucht hat?
c) die Tanknadel anzeigt, dass der Tank nur noch zu einem Viertel voll ist?

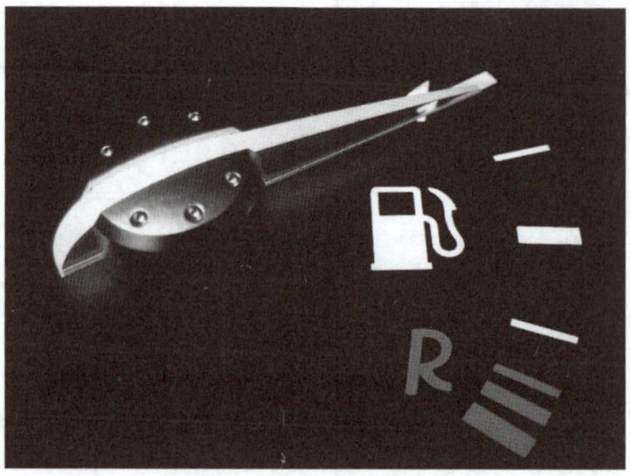

Rechnen mit Dezimalbrüchen

Merke

Addition und Subtraktion von Dezimalbrüchen
Schreibe Komma unter Komma. Ergänze fehlende Dezimalstellen mit Nullen.

Beispiele

1. Berechne 41,5 + 25,75.
   Lösung:
   ```
      41,50
   +  25,75
        1
   --------
      67,25
   ```
   Schreibe Komma unter Komma. Ergänze bei 41,5 rechts von der letzten Kommastelle eine Null, sodass die beiden Summanden die gleiche Anzahl an Kommastellen haben.

2. Berechne 18,325 – 9,12.
   Lösung:
   ```
      18,325
   –   9,120
       1
   ---------
       9,205
   ```
   Schreibe Komma unter Komma. Ergänze bei 9,12 rechts von der letzten Kommastelle eine Null.

Aufgaben

30 Berechne schriftlich.

a)

+	16,7	0,27	0,132	1 076,4	11,23
28,98					
104,2					
4,256					
14,63					

b)

–	96,2	10,85	9,6	0,7	18,07
245,7					
196,73					
172,4					
173,279					

31 Berechne schriftlich.

a) $22{,}83 + 1{,}087 - 16{,}27$

b) $167{,}23 + 188{,}26 + 0{,}007 - 18{,}1$

c) $116{,}2 - 1{,}093 - 5{,}82$

d) $1{,}002 + 20{,}03 + 6{,}78 + 3{,}2$

Merke

Multiplizieren und Dividieren von Dezimalbrüchen

- **Multipliziere** zunächst wie mit natürlichen Zahlen. Setze dann das Komma im Ergebnis. Das Produkt hat **so viele Kommastellen wie die Faktoren zusammen**.
- Beim **Dividieren** darf im Divisor kein Komma vorkommen. Verschiebe deshalb das Komma bei Dividend und Divisor um so viele Stellen nach rechts, bis der **Divisor** eine **natürliche Zahl** ist.

Beispiele

1. Berechne $0{,}6 \cdot 0{,}6$.
   Lösung:
   $0{,}6 \cdot 0{,}6 = 0{,}36$

   $6 \cdot 6 = 36$
   Das Produkt hat (1 + 1 =) 2 Kommastellen.

2. Multipliziere 256,895 mit 100.
   Lösung:
   $256{,}895 \cdot 100 = 25\,689{,}5$

   Beim Multiplizieren mit 10, 100 usw. brauchst du das Komma nur um die Anzahl der Nullen (hier: 2) nach rechts verschieben.

3. Dividiere 12,8 durch 1,6.
   Lösung:
   $12{,}8 : 1{,}6 = 128 : \mathbf{16} = 8$

   Verschiebe das Komma bei Dividend und Divisor um eine Stelle nach rechts.

4. Dividiere 859,7 durch 1 000.
   Lösung:
   $859{,}7 : 1\,000 = \mathbf{0}{,}8597$

   Beim Dividieren durch 10, 100 usw. verschiebe das Komma um die Anzahl der Nullen nach links.

Aufgaben

32 Verschiebe jeweils das Komma.

a)

·	10	100	1 000	10 000
14,27				
2,3767				
257,89				

b)

:	10	100	1 000	10 000
25,767				
1,573				
239,57				

33 Berechne.

a) $0{,}9 \cdot 2{,}6$

b) $3{,}8 \cdot 2{,}35$

c) $0{,}1 \cdot 0{,}1$

d) $0{,}02 \cdot 3{,}08$

e) $4{,}48 : 0{,}2$

f) $5{,}12 : 0{,}4$

g) $62{,}5 : 0{,}5$

h) $5 : 0{,}0025$

Rationale Zahlen

Merke

Rationale Zahlen

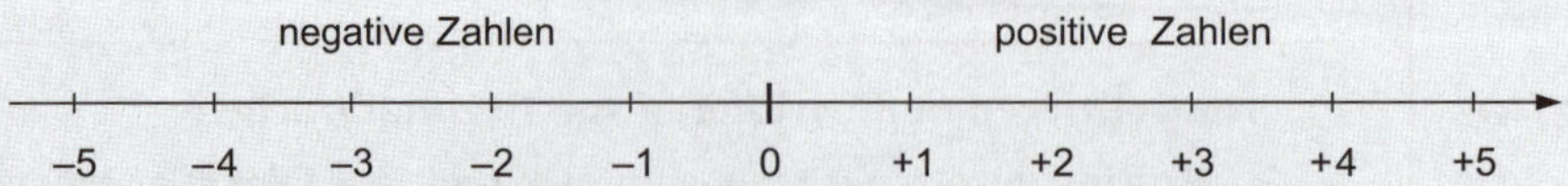

Bei positiven Zahlen wird das Vorzeichen (+) meist weggelassen.

Beispiel

Stelle die Standortwechsel in der Tabelle dar.

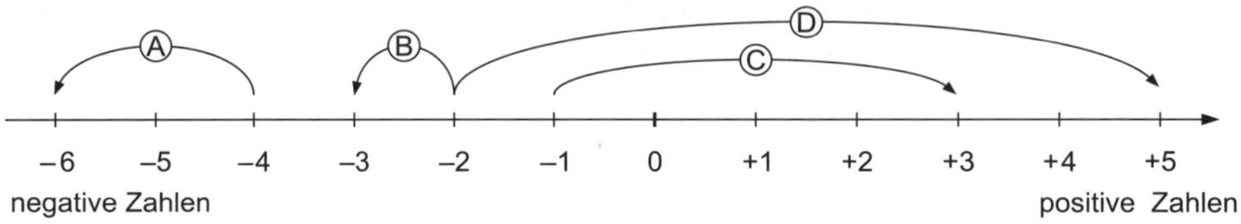

Lösung:

	Standort	Richtung	Anzahl der Schritte	neuer Standort
A	–4	–	2	**–6**
B	–2	–	1	**–3**
C	–1	+	4	**3**
D	–2	+	7	**5**

Aufgaben

34 Stelle die Standortwechsel in der Tabelle dar.

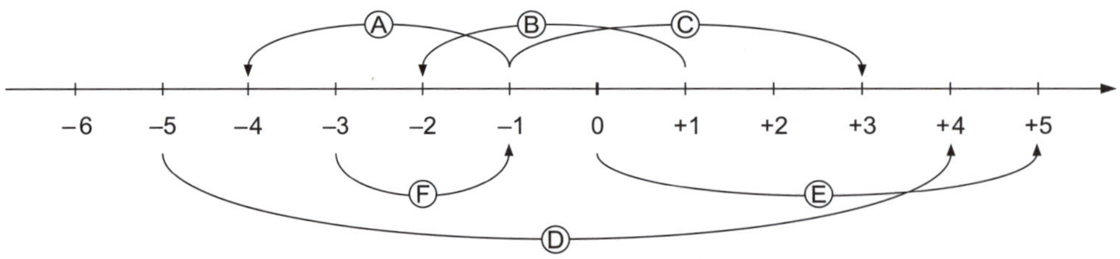

	Standort	Richtung	Anzahl der Schritte	neuer Standort
A				
B				
C				
D				
E				
F				

35 Auf einem Thermometer werden mittags und abends die Temperaturen abgelesen. Berechne jeweils den Temperaturunterschied. Lege dazu eine Tabelle an.

a) Mittag: +8 °C
Abend: –1 °C

b) Mittag: –9,5 °C
Abend: –20,5 °C

c) Mittag: –6,8 °C
Abend: +0,7 °C

d) Mittag: –2,4 °C
Abend: –16,5 °C

36 Ergänze die Tabellen.

a)

Kontostand	Buchung	Neuer Kontostand
+46,00 €	−59,00 €	
−104,00 €	+36,00 €	
+1 010,00 €	−2 000,00 €	
−15,50 €	+7,20 €	
−13,20 €	+6,90 €	
+225,40 €	−228,00 €	

b)

Kontostand	Buchung	Neuer Kontostand
	−8,00 €	+15,00 €
	−7,60 €	+10,20 €
−25,00 €		−51,40 €
	+104,70 €	−4,40 €
−23,50 €	−16,70 €	
	+15,70 €	+43,40 €

37 Berechne.

a) $-23+25{,}2+17{,}1-2{,}9$
b) $104{,}5-201{,}5+1{,}8-4{,}6$
c) $-26{,}7-13{,}2-24{,}5-16{,}1$
d) $108{,}2+20{,}72-130-2{,}8$

38 Schüler der Klasse 9 a notieren sich ihre Ausgaben und Einnahmen.

39 Berechne.

	−4	+4,8	−6,1	+5,6	+100
+3					
+2,7					
−11,4					
−0,02					

40 In Europa kommt es zu einem Kälteeinbruch. Am Sonntag wurden in den Hauptstädten noch folgende Temperaturen gemessen: Paris 14 °C, Rom 16 °C, Berlin 10 °C, Moskau 0 °C. Die Tabelle zeigt auf, um wie viel Grad sich die Temperaturen innerhalb der darauffolgenden Woche pro Tag verändert haben.

Temperaturveränderungen

	Montag	Dienstag	Mittwoch	Donnerstag	Freitag
Paris	–11 °C	–6,5 °C	–4,5 °C	–1,5 °C	–3 °C
Rom	–8,5 °C	–7,5 °C	–3,5 °C	–7 °C	–2 °C
Berlin	–10 °C	–7,5 °C	–3 °C	–4,5 °C	–1,5 °C
Moskau	–7,5 °C	–2 °C	–6,5 °C	–9 °C	–0,5 °C

a) Berechne die Tagestemperaturen in den jeweiligen Hauptstädten am Montag, Dienstag, Mittwoch, Donnerstag und Freitag. Lege dazu eine Tabelle an.

b) Trage die Ergebnisse in das Diagramm ein. Verbinde die Temperaturpunkte der jeweiligen Hauptstädte.

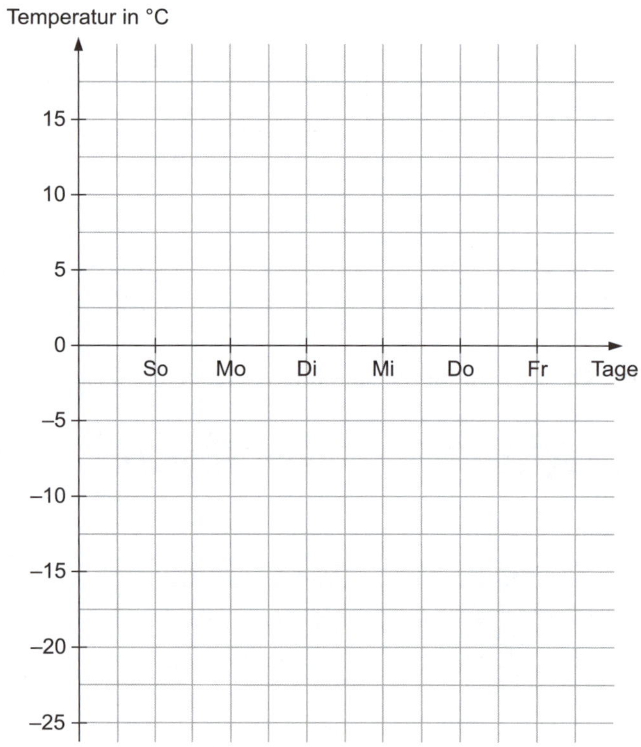

c) In welcher Stadt war der Temperaturunterschied am größten?

41 Berechne.

a) Du hast 15 € Schulden und bekommst 25 € zum Geburtstag.
Wie viel Geld gehört dir jetzt?

b) Du hast 10 €. Die CD, die du kaufen möchtest, kostet jedoch 16 €.
Wie viel Geld musst du dir von deiner Mutter leihen?

c) Am Abend zeigt das Thermometer –5 °C an. Nachts sinkt die Temperatur um 4 °C.
Wie viel Grad hat es in der Nacht?

d) Du parkst in der Tiefgarage im 2. Untergeschoss und fährst vier Stockwerke hoch.
In welcher Etage befindest du dich jetzt?

Merke

Rationale Zahlen multiplizieren und dividieren

$+5 \cdot (+6) = +30$	$+12 : (+3) = +4$	**gleiche Vorzeichen** → Ergebnis **+**
$(-4) \cdot (-7) = +28$	$(-18) : (-6) = +3$	
$+5 \cdot (-3) = -15$	$+8 : (-2) = -4$	**unterschiedliche Vorzeichen** → Ergebnis **−**
$-4 \cdot (+5) = -20$	$-10 : (+5) = -2$	

Vor- und Rechenzeichen werden mit Klammern getrennt.
Positive Vorzeichen können weggelassen werden.

TIPP

Möchtest du mehrere rationale Zahlen multiplizieren oder dividieren, überlege dir zuerst das Vorzeichen des Ergebnisses und berechne dann.

Beispiele

1. Berechne $10 \cdot (-4{,}5)$.
   Lösung:
   $10 \cdot (-4{,}5) = -45$ $\qquad (+) \cdot (-) = (-)$

2. Berechne $3{,}5 \cdot (-8) : (-7)$.
   Lösung:
   $3{,}5 \cdot (-8) : (-7) = -28 : (-7) = +4 = 4$ $\qquad (+) \cdot (-) \cdot (-) = (-) \cdot (-) = (+)$

Aufgaben

42 Berechne.

a)

:	(−2)	(−5)	8	(−0,8)	(−10)
40					
(−80)					
(−120)					
12					

b)

·	(−7)	0,7	(−1,3)	10,2	(−5,4)
6					
(−15)					
(−22)					
16					

43 Berechne.

a) $-3 \cdot 7 \cdot (-2)$
b) $64 : (-8) \cdot 5$
c) $-2{,}1 \cdot 2 \cdot (-7)$
d) $-200 : (-4) : 25$
e) $5 \cdot 10 \cdot (-1{,}5) : (-25)$
f) $-2{,}4 : 6 \cdot (-5) \cdot 2{,}1$

44 Berechne. Achte auf die Rechenregeln.

a) $3{,}3 \cdot 2 + (14{,}7 - 2{,}9)$
b) $-4 \cdot 2{,}5 + (-3) \cdot (-2{,}6)$
c) $4{,}5 \cdot 3 - (2{,}7 + 3{,}15) \cdot 2$
d) $2{,}6 + 2{,}7 \cdot 3 - 1{,}6$
e) $(1{,}8 - 0{,}9) \cdot 2 + 5{,}6 - 2{,}4$
f) $-2{,}7 + 10{,}5 + 2 \cdot 7{,}4 - 5{,}1$
g) $(5{,}2 + 10{,}8) : 0{,}4 + 2 \cdot 6{,}45$
h) $2{,}47 \cdot 3 + 2{,}08 - 1{,}96 + 1{,}03$
i) $123 - 16{,}4 + 22{,}1 \cdot 3$
j) $-4{,}08 + 5{,}12 - 2{,}7 \cdot 3 + 1{,}08$

Potenzen

Merke

Quadrieren und Wurzelziehen

- Wird eine Zahl mit sich selbst multipliziert, spricht man vom Quadrieren.
- Die Umkehrung des Quadrierens ist das Wurzelziehen. Hierbei wird die Zahl gesucht, die mit sich selbst multipliziert die Zahl unter dem Wurzelzeichen ergibt. Aus einer negativen Zahl darf man keine Wurzel ziehen.

Beispiele

1. $9 \cdot 9 = 9^2 = 81$ — $\sqrt{81} = 9$
2. $\frac{2}{3} \cdot \frac{2}{3} = \left(\frac{2}{3}\right)^2 = \frac{2^2}{3^2} = \frac{4}{9}$ — $\sqrt{\frac{4}{9}} = \frac{2}{3}$
3. $0 \cdot 0 = 0^2 = 0$ — $\sqrt{0} = 0$
4. $2{,}5 \cdot 2{,}5 = 2{,}5^2 = 6{,}25$ — $\sqrt{6{,}25} = 2{,}5$
5. $(-7) \cdot (-7) = (-7)^2 = 49$ — Das Quadrat einer negativen Zahl ist positiv.
6. $\sqrt{-36}$ (durchgestrichen) — Der Taschenrechner zeigt ERROR.

Aufgaben

45 Berechne.

a) 4^2

b) $(-17)^2$

c) $\frac{3^2}{4^2}$

d) $0{,}3^2$

e) $(-0{,}8)^2$

f) $\left(\frac{11}{12}\right)^2$

46 Berechne die Wurzeln.

a) $\sqrt{100}$

b) $\sqrt{361}$

c) $\sqrt{\frac{4}{25}}$

d) $\sqrt{\frac{49}{100}}$

e) $\sqrt{0{,}04}$

f) $\sqrt{0{,}25}$

Merke

Potenzieren

Wird eine Zahl mehrfach mit sich selbst multipliziert, spricht man allgemein vom Potenzieren.

Beispiele

1. $2 \cdot 2 \cdot 2 \cdot 2 = 2^4$ — **Exponent** (Hochzahl): 4; **Basis** (Grundzahl): 2 — Der Exponent gibt an, wie oft die Basis mit sich selbst multipliziert wird.
2. $\frac{2}{3} \cdot \frac{2}{3} \cdot \frac{2}{3} = \left(\frac{2}{3}\right)^3 = \frac{2^3}{3^3} = \frac{8}{27}$
3. $3^0 = 1$ — Potenziert man eine Zahl mit 0 ist das Ergebnis immer 1.

Aufgaben

47 Schreibe als Potenz und berechne.

a) $6 \cdot 6 \cdot 6 \cdot 6 \cdot 6 \cdot 6$
b) $9 \cdot 9 \cdot 9 \cdot 9 \cdot 9 \cdot 9 \cdot 9 \cdot 9 \cdot 9 \cdot 9$
c) $\frac{3}{4} \cdot \frac{3}{4} \cdot \frac{3}{4}$
d) $\frac{4}{9} \cdot \frac{4}{9} \cdot \frac{4}{9} \cdot \frac{4}{9} \cdot \frac{4}{9}$
e) $2{,}5 \cdot 2{,}5 \cdot 2{,}5 \cdot 2{,}5 \cdot 2{,}5 \cdot 2{,}5 \cdot 2{,}5$
f) $0{,}1 \cdot 0{,}1 \cdot 0{,}1 \cdot 0{,}1 \cdot 0{,}1 \cdot 0{,}1$

48 Schreibe als Produkt und berechne den Wert.

a) 3^5
b) 8^7
c) $0{,}4^5$
d) $0{,}02^4$
e) $\left(\frac{4}{7}\right)^3$
f) $\left(\frac{1}{8}\right)^6$

Merke

Zehnerpotenzen
Große und kleine Zahlen kannst du mit Zehnerpotenzen kürzer und übersichtlicher darstellen.
Meist werden sie mit einer führenden und einer Nachkommastelle angegeben.

Beispiele

1. $7{,}8 \cdot 10^7 = 7{,}8 \cdot 10\,000\,000 = 78\,000\,000$
   (7 = führende Stelle, 8 = Nachkommastelle)

   Der positive Exponent gibt an, um wie viele Stellen das Komma nach rechts verschoben wird.

2. $10^{-1} = \frac{1}{10^1} = \frac{1}{10} = 0{,}1$

   $10^{-2} = \frac{1}{10^2} = \frac{1}{100} = 0{,}01$

   usw.

   Negative Exponenten kannst du auch als Bruch mit positivem Exponenten im Nenner schreiben.

3. $4{,}1 \cdot 10^{-7} = 4{,}1 : 10\,000\,000 = 0{,}00000041$

   Der negative Exponent gibt an, um wie viele Stellen das Komma nach links verschoben wird.

Aufgaben

49 Schreibe jeweils als Zehnerpotenz mit einer führenden Stelle und einer Nachkommastelle. Runde, falls erforderlich.

a) 97 345 746 234
b) 3 869 765 876 234 198
c) 80 875 234,545
d) 426 004,35
e) 0,000 000 703
f) 0,000 035
g) 0,009 098
h) 0,000 364

50 Schreibe jeweils ohne Zehnerpotenz.

a) $34{,}72 \cdot 10^7$
b) $0{,}48 \cdot 10^6$
c) $987 \cdot 10^8$
d) $5{,}75 \cdot 10^5$
e) $27 \cdot 10^{-7}$
f) $76{,}23 \cdot 10^{-6}$
g) $0{,}094 \cdot 10^{-8}$
h) $2{,}22 \cdot 10^{-9}$

2 Rechnen mit Größen

Umrechnungen von Größen

Merke

Längenmaße

Umwandlungsfaktor 10, aber Umwandlungsfaktor 1 000 bei km → m

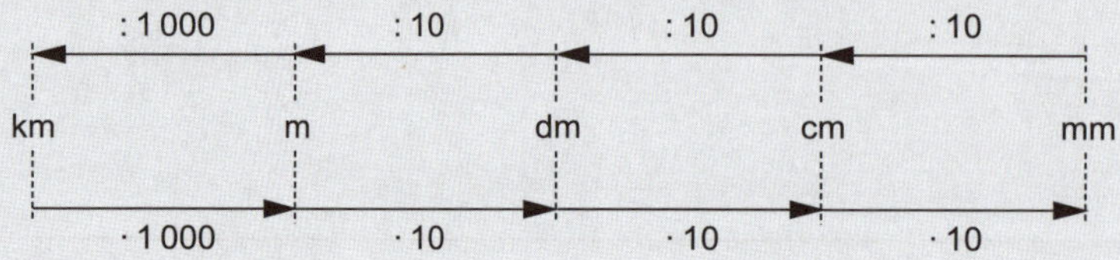

Beispiel

Wie viele Millimeter sind 1,35 km?
Rechne schrittweise um. Vergiss dabei nicht die ungebräuchliche Einheit dm.
Lösung:

1,35 km = 1 350 m	Umwandlungsfaktor **1 000**
1 350 m = 13 500 dm	Umwandlungsfaktor **10**
13 500 dm = 135 000 cm	Umwandlungsfaktor **10**
135 000 cm = 1 350 000 mm	Umwandlungsfaktor **10**

Merke

Flächenmaße

Umwandlungsfaktor 100

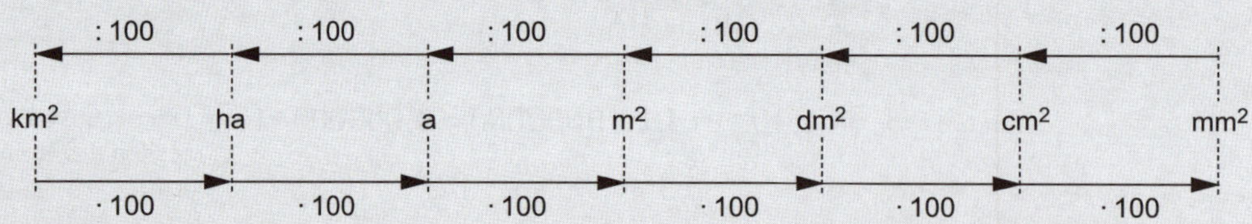

Beispiel

Wie viele Quadratzentimeter sind 2,5 a?
Lösung:

2,5 a = 250 m^2	Umwandlungsfaktor **100**
250 m^2 = 25 000 dm^2	Umwandlungsfaktor **100**
25 000 dm^2 = 2 500 000 cm^2	Umwandlungsfaktor **100**

Merke

Raummaße

Umwandlungsfaktor 1 000

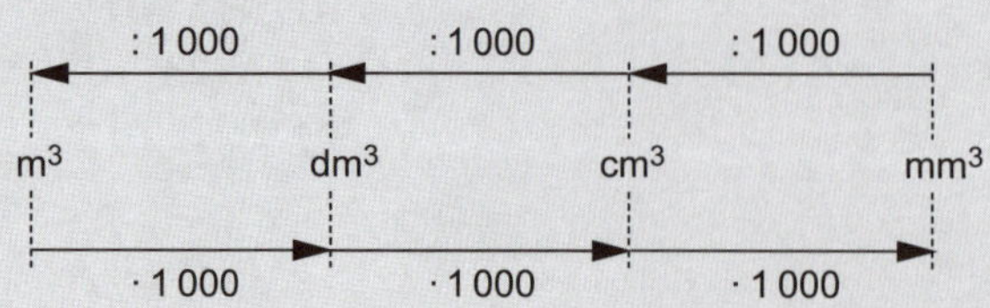

Beachte den Zusammenhang:
1 dm^3 = 1 ℓ
1 cm^3 = 1 mℓ

1 ℓ = 1 000 mℓ
1 hℓ = 100 ℓ

Beispiele

1. Wandle 95 000 mm^3 in die nächstgrößere Einheit um.
   Lösung:
   95 000 mm^3 = 95 cm^3 — Umwandlungsfaktor **1 000**
2. Wie viele Kubikzentimeter sind $2\frac{3}{4}\,\ell$?
   Lösung:
   2,75 ℓ = 2,75 dm^3 — 1 ℓ = 1 dm^3
   2,75 dm^3 = 2 750 cm^3 — Umwandlungsfaktor **1 000**

Merke

Masseeinheiten

Umwandlungsfaktor 1 000

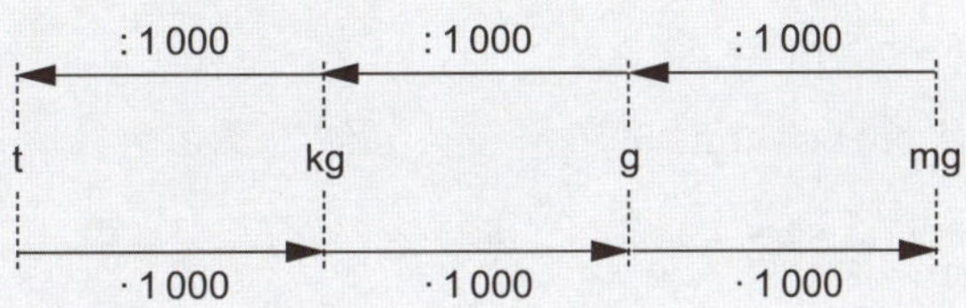

Beispiel

Wie viele Tonnen sind 22 100 g?
Lösung:
22 100 g = 22,1 kg — Umwandlungsfaktor **1 000**
22,1 kg = 0,0221 t — Umwandlungsfaktor **1 000**

Merke

Zeiteinheiten

Umwandlungsfaktor 60, aber Umwandlungsfaktor 24 bei d → h

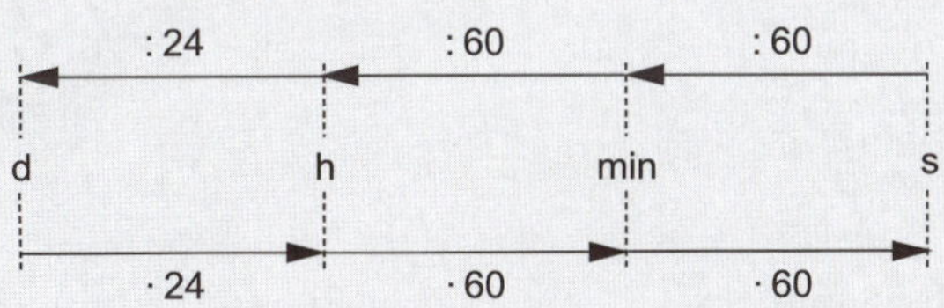

d steht für Tag.
h steht für Stunde.
min steht für Minute.
s steht für Sekunde.

Beispiele

1. Wie viele Minuten sind 4,45 Stunden?
   Lösung:
   4,45 h = 267 min — Umwandlungsfaktor **60**
2. Wie viele Tage sind 126 Stunden?
   Lösung:
   126 h = 5,25 d = 5 d 6 h — Umwandlungsfaktor **24**; 0,25 d = 6 h

Aufgaben

51

Wandle in die nächstkleinere Einheit um.

a) 9 cm
b) 9 cm^2
c) 4,95 m
d) 35 dm^3
e) 3,18 dm
f) 5,125 km
g) 23,28 m^3
h) 7,1 m^2
i) 44,56 ℓ
j) 3 215 a

52 Wandle in die nächstgrößere Einheit um.

a) 370 dm
b) 700 cm^3
c) 4 500 m^2
d) 81 cm
e) 300 cm^2
f) 6 ha
g) 720 ℓ
h) 632 a
i) 74 300 mm^3
j) 715 mm^2

53 Berechne. Achte auf die Einheiten.

a) 3,4 km + 250 m + 3 500 dm = _________ m

b) 2 500 km^2 + 250 ha + 250 a = _________ ha

c) 1 700 mm^2 – 7 cm^2 + 70 dm^2 = _________ cm^2

d) 3 000 cm^3 + 2 ℓ + 5,5 m^3 = _________ ℓ

e) 4 500 mm^3 – 0,5 cm^3 + 1 dm^3 = _________ cm^3

f) 0,5 t + 4 500 g + 95,5 kg = _________ kg

g) 6 h – 4 500 s = _________ min

54 Wie viele…

a) Tonnen sind 8 300 kg?
b) Kilogramm sind 4 080 g?
c) Kilogramm sind 6,32 t?
d) Gramm sind 89,9 kg?

55 Wie viele…

a) Minuten sind 180 s?
b) Minuten sind 10 h?
c) Sekunden sind 9 min?
d) Tage sind 144 h?

56 Berechne.

a) 4 h 20 min + 5 h 55 min
b) 1 h 37 min + 3 h 42 min
c) 4 h 42 min + 2 h 27 min
d) 3 h 20 min – 2 h 30 min
e) 3 h 12 min – 1 h 22 min
f) 5 h 40 min – 2 h 45 min

57 Fülle die Tabelle aus.

	Abfahrt	Ankunft	Fahrzeit
a)	13:45 Uhr	21:15 Uhr	
b)		8:45 Uhr	8 h 35 min
c)	6:12 Uhr	11:38 Uhr	
d)	21:35 Uhr	3:45 Uhr	
e)		4:20 Uhr	6 h 55 min
f)	19:10 Uhr	2:55 Uhr	
g)		9:09 Uhr	12 h 7 min

58 a) Ordne jeweils die richtige Einheit zu.

Ein Eimer hat ein Fassungsvermögen von 10 ______.

Der Unterarm eines Erwachsenen ist ca. 30 ______ lang.

In eine Badewanne passen ca. 160 000 ______ Wasser.

Ein 5-€-Schein hat eine Fläche von 74,4 ______.

Ein Fahrradreifen hat einen Durchmesser von ca. 630 ______.

Das Deckblatt dieses Buches hat eine Fläche von 6,234 ______.

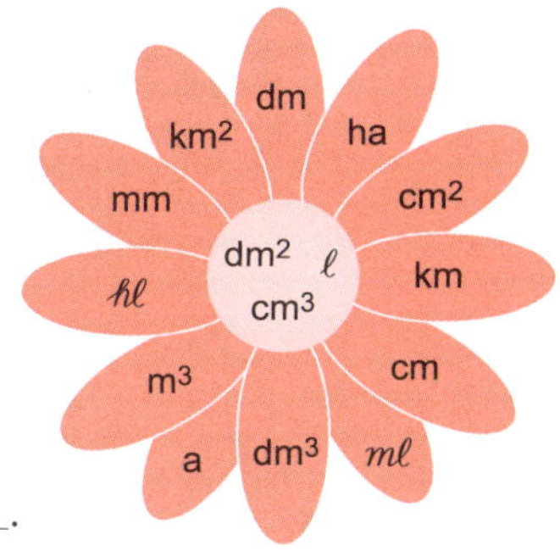

b) Schätze den Flächeninhalt des Handtuchs und des Bildschirms mithilfe der Größen aus Teilaufgabe a.

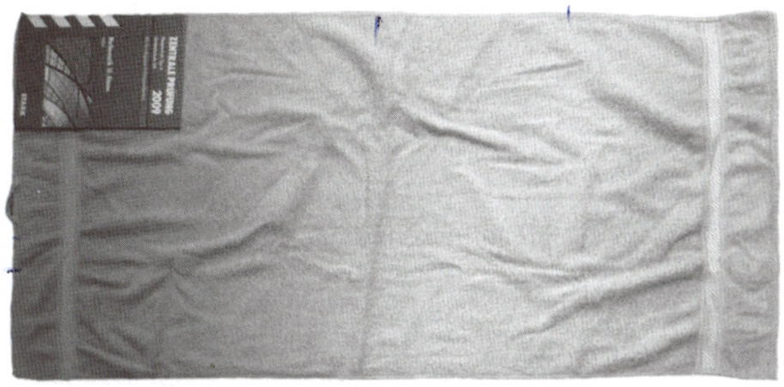

Rechnen mit Geschwindigkeiten

Merke

Geschwindigkeit

Die **Geschwindigkeit v** wird berechnet als Quotient von **zurückgelegter Strecke s** und dazu **benötigter Zeit t**.

- $\mathbf{v = \frac{s}{t}}$ Einheit: $\frac{km}{h} = km/h$ oder $\frac{m}{s} = m/s$

  Umrechnung: $\frac{m}{s} \underset{:3,6}{\overset{\cdot 3,6}{\rightleftarrows}} \frac{km}{h}$

Aus der Formel ergibt sich:

- $\mathbf{s = v \cdot t}$ Einheit km oder m
- $\mathbf{t = \frac{s}{v}}$ Einheit h oder s

Beispiele

1. Ein Radfahrer legt in 2 Stunden eine Strecke von 36 Kilometern zurück. Wie groß ist seine Geschwindigkeit?
   Lösung:
   $v = \frac{36\ \text{km}}{2\ \text{h}}$ $\qquad v = \frac{s}{t}$
   $v = 18\ \frac{\text{km}}{\text{h}}$
   Der Radfahrer fährt mit einer Geschwindigkeit von $18\ \frac{\text{km}}{\text{h}}$.
2. Ein Auto fährt mit einer durchschnittlichen Geschwindigkeit von $80\ \frac{\text{km}}{\text{h}}$. Welche Strecke legt es in 2,5 Stunden zurück?
   Lösung:
   $s = 80\ \frac{\text{km}}{\text{h}} \cdot 2{,}5\ \text{h}$ $\qquad s = v \cdot t$
   $s = 200\ \text{km}$
   In 2,5 Stunden legt das Auto 200 Kilometer zurück.
3. Ein Sportflugzeug fliegt mit einer Geschwindigkeit von $280\ \frac{\text{km}}{\text{h}}$. Wie lange braucht es für eine Strecke von 700 Kilometern?
   Lösung:
   $t = \frac{700\ \text{km}}{280\ \frac{\text{km}}{\text{h}}}$ $\qquad t = \frac{s}{v}$
   $t = 2{,}5\ \text{h}$
   Das Flugzeug braucht 2,5 Stunden.

TIPP

Beim Rechnen mit Geschwindigkeiten wird die Zeit in der Dezimalschreibweise benötigt.
Aber Vorsicht: 5 Stunden 42 Minuten sind nicht 5,42 Stunden, sondern $5\frac{42}{60}\ \text{h} = 5\frac{7}{10}\ \text{h}$.
Also sind 5 h 42 min = 5,7 h.

Aufgaben

59 Berechne die durchschnittliche Geschwindigkeit eines Autos in $\frac{\text{km}}{\text{h}}$ und $\frac{\text{m}}{\text{s}}$.
Runde, falls erforderlich, auf eine Dezimalstelle.

a) 340 km in 4 h
b) 520 km in 8 h
c) 486 km in 4,5 h
d) 252 km in 2,25 h
e) 138,7 km in 1 h 54 min
f) 217,6 km in 3 h 12 min

60 Berechne die benötigte Zeit.
Runde, falls erforderlich, auf eine Dezimalstelle.

a) 18 m mit $6\ \frac{\text{m}}{\text{s}}$
b) 420 km mit $120\ \frac{\text{km}}{\text{h}}$
c) 12 000 m mit $330\ \frac{\text{m}}{\text{s}}$
d) 12 630 km mit $920\ \frac{\text{km}}{\text{h}}$

61 Berechne die zurückgelegte Strecke.
Runde, falls erforderlich, auf eine Dezimalstelle.

a) 35 s mit $12\ \frac{\text{m}}{\text{s}}$
b) 2,25 h mit $97\ \frac{\text{km}}{\text{h}}$
c) 6 min 19 s mit $0{,}7\ \frac{\text{m}}{\text{s}}$
d) 1 h 20 min mit $87\ \frac{\text{km}}{\text{h}}$

3 Gleichungen

Rechnen mit Termen

Merke

Terme
- Terme sind Rechenausdrücke, die aus **Zahlen** und/oder **Variablen** (Platzhaltern) bestehen.
- Du kannst **gleiche Variablen** sowie **Zahlen ohne Variablen** zusammenfassen.
- Achte dabei auf die Vorzeichen!

Beispiele

1.

Kisteninhalt	Kiste	Term	vereinfachter Term
5 graue Bonbons, 3 rote Bonbons		g + g + g + g + g + r + r + r	5g + 3r
4 graue Bonbons, 2 weiße Bonbons, 3 rote Bonbons, −2 rote Bonbons	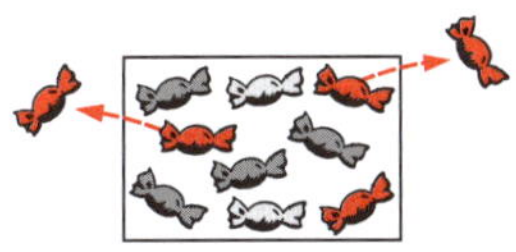	g + g + g + g + w + w + r + r + r − r − r	4g + 2w + r

2. Fasse zusammen.
   4a − 7 + 9a − 3
   Lösung:
   4a + 9a − 7 − 3 =
   13a − 10

   Fasse Zahlen und gleiche Variablen zusammen.

Aufgaben

62 Vervollständige die Tabelle.

Kisteninhalt	Kiste	Term	vereinfachter Term
2 graue Bonbons, 3 rote Bonbons, 4 weiße Bonbons −2 graue Bonbons			

		w + w − w + r + r + r + r − r − r	

63 Ordne die Variablen alphabetisch. Fasse dann zusammen.

a) 7a − 6a + 9b + 6 + b − 9
b) x + y − y + 2y + 6
c) 7x − 11x + 9y − 10y
d) 4z − 11d − 10z + 7 − 18d
e) −3 + 4y − 11x − 7y − 3 − 2
f) −1,5x + 2,5y + 1,2x + 0,8y

64 Setze in die Terme jeweils die Werte $a = 2{,}2$ und $b = 4{,}1$ ein und berechne den Termwert.

a) $3a + 7b$
b) $14a - 2b$
c) $6b + 2b - 3a$
d) $14a - 2a + 3b$

65 Stelle einen Term zur Berechnung des Umfangs auf und vereinfache, wenn möglich.

a) 

b) 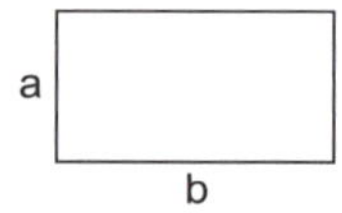

c) 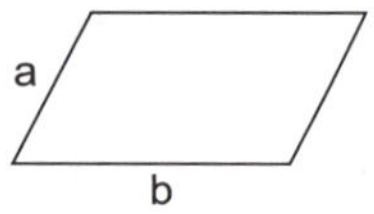

d) 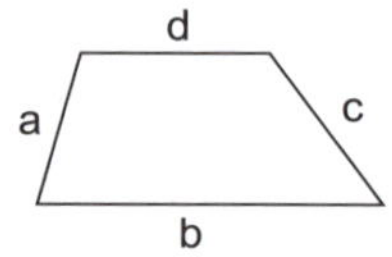

e) 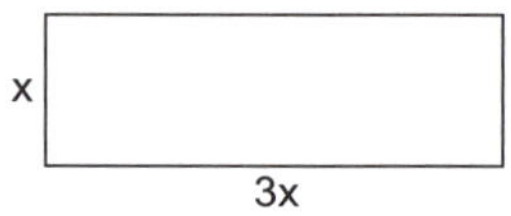

f) 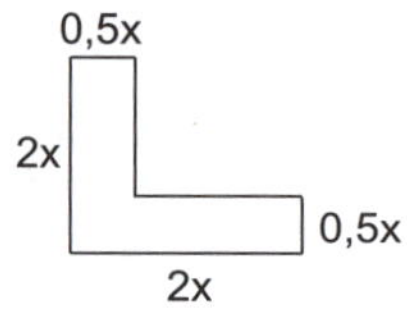

Gleichungen lösen

Merke

Äquivalenzumformungen
Um eine Gleichung zu lösen, musst du sie umstellen, bis die **gesuchte Zahl x allein** auf einer Seite steht.
Du kannst eine Gleichung mit einer Waage vergleichen. Damit die Waage im Gleichgewicht bleibt, musst du **auf beiden Seiten** des Gleichheitszeichens **dieselben Rechenoperationen** durchführen. Diese heißen auch **Äquivalenzumformungen**.

Beispiel

Löse die Gleichung und mache anschließend die Probe.
$10x + 19 = 69$

Lösung:

$10x + 19 = 69 \quad | -19$ — Ziehe auf beiden Seiten der Gleichung 19 ab.
$10x = 50 \quad | :10$ — Teile dann beide Seiten der Gleichung durch 10, damit x allein steht.
$x = 5$

Probe:

$10x + 19 = 69$ — Setze $x = 5$ in die Ausgangsgleichung ein.
$10 \cdot 5 + 19 = 69$
$50 + 19 = 69$
$69 = 69$ — Wahre Aussage, also ist die Lösung richtig.

Aufgabe 66

Löse die Gleichungen.

a) $2x + 52 = 146$
b) $46 + 2x = 104$
c) $108 = 45 + 3x$
d) $52 = 20 + 16x$
e) $6x - 20 = 100$
f) $48 - 16x = 16$

TIPP

Bei schwierigen Gleichungen musst du zunächst auf jeder Seite der Gleichung zusammenfassen.

Beispiel

Fasse zusammen und löse die Gleichung. Vergiss die Probe nicht.

$-15-2x+8+7x=5x-2-2x+3$

Lösung:

$$-15 - 2x + 8 + 7x = 5x - 2 - 2x + 3$$
$$-7 + 5x = 3x + 1 \quad | -3x$$
$$-7 + 2x = 1 \quad | +7$$
$$2x = 8 \quad | :2$$
$$x = 4$$

Fasse alle Zahlen mit Variablen zusammen und alle Zahlen ohne Variablen. Bringe dann x auf eine Seite.

Probe:

$$-15 - 2x + 8 + 7x = 5x - 2 - 2x + 3$$

Setze $x = 4$ in die Ausgangsgleichung ein.

$$-15 - 2 \cdot 4 + 8 + 7 \cdot 4 = 5 \cdot 4 - 2 - 2 \cdot 4 + 3$$
$$-15 - 8 + 8 + 28 = 20 - 2 - 8 + 3$$
$$13 = 13$$

Wahre Aussage, also ist die Lösung richtig.

Aufgaben

67 Fasse zusammen und bestimme x.

a) $10x-40-2x+10=130$
b) $136=35x-40+13x+32$
c) $9x-72-3x+18=42$
d) $179=36x+38-24x-27$
e) $5x-4+4x=87-4x$
f) $x-29+7x=2x+61$
g) $40+10x-280=3x+80-33x$
h) $32-4x+33=4x+2-x$

68 Stelle eine Gleichung auf und berechne die Länge der Seiten.

a) u = 14 cm

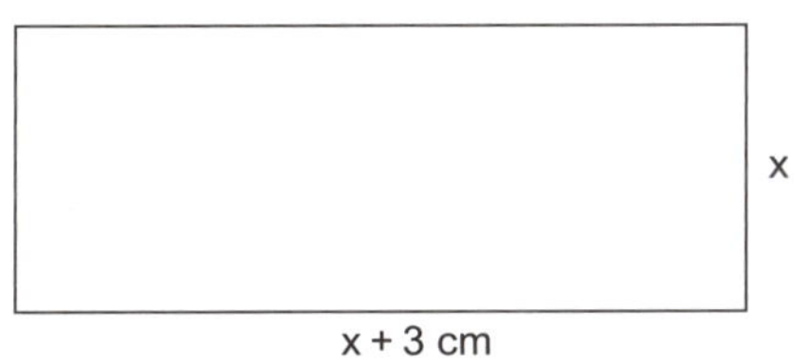

b) u = 25 m

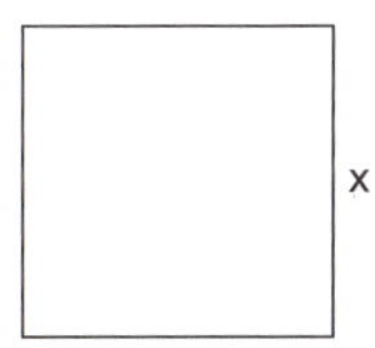

c) u = 64 dm

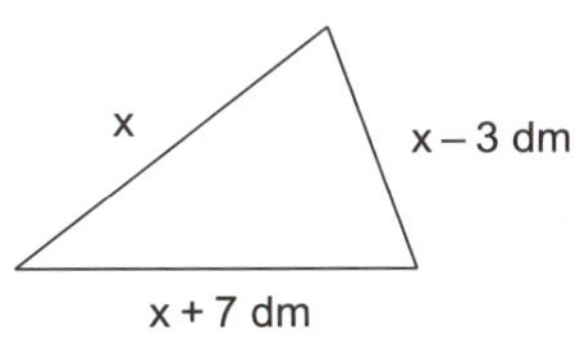

d) u = 27 km

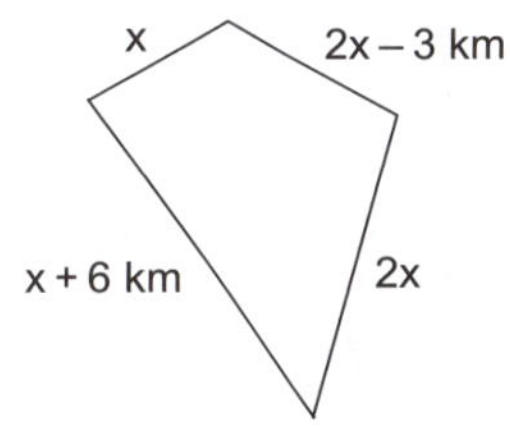

Merke

Gleichungen mit Klammern

Falls in einer Gleichung Klammern vorkommen, musst du diese zuerst auflösen. Achte dabei auf folgende Regeln:

- Steht ein **Minuszeichen** vor der Klammer, musst du alle Vorzeichen in der Klammer umkehren.
- Wird ein **Faktor** mit der Klammer multipliziert, musst du jedes Glied in der Klammer mit dem Faktor multiplizieren.

Beispiel

Löse die Gleichung und mache die Probe.

$3x-2(x-4)=(x-4)\cdot 5$

Lösung:

$3x-2(x-4)=(x-4)\cdot 5$ — Multipliziere jeweils die Klammern aus.

$3x-(2x-8)=5x-20$

$3x-2x+8=5x-20$ — Achte auf das negative Vorzeichen vor der Klammer auf der linken Seite.

$x+8=5x-20 \quad | -x$

$8=4x-20 \quad | +20$

$28=4x \quad | :4$

$7=x$

Probe:

$3x-2(x-4)=(x-4)\cdot 5$ — Setze $x=7$ in die Ausgangsgleichung ein.

$3\cdot 7-2(7-4)=(7-4)\cdot 5$

$21-2\cdot 3=3\cdot 5$

$15=15$ — Wahre Aussage, also ist die Lösung richtig.

Aufgabe 69

Bestimme die Lösung.

a) $14x-3(2x-9)=4(4x-16)+11$

b) $7(2x+15)-28=35(1-x)-7$

c) $5x-(9-2x)\cdot 6=5(5x+12)-4x$

d) $-9(1-x)+15x=8(2x+9)-65$

e) $-(11x-13)+45-x=3(6-9x)+17x+10$

f) $8x+31-2(6-5x)=18(4-5x)+27x+28$

Gleichungen aufstellen

Merke

Textgleichungen

„Zahlenrätsel“ (Terme und Gleichungen in Textform) musst du zuerst in die Sprache der Mathematik übersetzen, bevor du sie lösen kannst.

TIPP

Folgendes „Wörterbuch“ hilft dir sicher bei der Lösung der Aufgaben.
Hier wird jeweils mit 5 gerechnet.

Variable, x	eine Zahl, eine unbekannte Zahl, eine bestimmte Zahl, eine gedachte Zahl
Addition, addieren, +	eine Zahl um 5 vermehren, eine Zahl um 5 vergrößern, die Summe aus einer Zahl und 5 bilden
Subtraktion, subtrahieren, –	eine Zahl um 5 vermindern, eine Zahl um 5 verkleinern, die Differenz aus einer Zahl und 5 bilden
Multiplikation, multiplizieren, ·	eine Zahl mit 5 vervielfachen, das Vielfache von 5, das Produkt aus einer Zahl und 5 bilden
Division, dividieren, :	eine Zahl durch 5 teilen, ein Fünftel einer Zahl, der fünfte Teil einer Zahl, der Quotient aus einer Zahl und 5

Beispiele

1. Subtrahierst du vom Vierfachen einer Zahl 8, so erhältst du 20.

Lösung:

$$\begin{aligned} 4x - 8 &= 20 \quad |+8 \\ 4x &= 28 \quad |:4 \\ x &= 7 \end{aligned}$$

… vom Vierfachen	⇒	**4·**
… einer Zahl	⇒	**x**
Subtrahierst … 8	⇒	**−8**
… erhältst … 20	⇒	**= 20**

2. Von zwei Zahlen ist die erste fünfmal so groß wie die zweite. Ihre Summe ist 30.

Lösung:

$$\begin{aligned} 5x + x &= 30 \\ 6x &= 30 \quad |:6 \\ x &= 5 \end{aligned}$$

… fünfmal so groß	⇒	**5·**
… Summe	⇒	**+**
… ist 30	⇒	**= 30**

3. Wenn man vom Sechsfachen einer Zahl 5 subtrahiert und diese Differenz mit 3 multipliziert, so erhält man 75.

Lösung:

$$\begin{aligned} (6x - 5) \cdot 3 &= 75 \\ 18x - 15 &= 75 \quad |+15 \\ 18x &= 90 \quad |:18 \\ x &= 5 \end{aligned}$$

… vom Sechsfachen	⇒	**6·**
… einer Zahl	⇒	**x**
… 5 subtrahiert	⇒	**−5**
… mit 3 multipliziert	⇒	**·3**
… erhält man 75	⇒	**= 75**

Aufgaben

70 Übersetze in die Sprache der Mathematik und löse die Gleichungen.

a) Addiert man 40 zum Vierfachen einer gesuchten Zahl, so erhält man 76.

b) Subtrahiert man 28 vom Achtfachen einer gesuchten Zahl, so erhält man 36.

c) Wenn man vom Sechsfachen einer Zahl 9 subtrahiert, so erhält man das Vierfache der Zahl.

d) Das Produkt aus dem Fünffachen einer Zahl und 8 ergibt die Summe aus dem Sechsfachen der Zahl und 68.

71 Übersetze in die Sprache der Mathematik und löse die Gleichungen.

a) Addiert man zum 0,5-fachen einer Zahl 12, bekommt man das Doppelte der Zahl.

b) Addiert man zum Siebenfachen einer Zahl 3, so erhält man das Achtfache der Zahl vermindert um 4.

c) Subtrahiert man von 150 das Zwanzigfache einer Zahl und addiert dann das Sechsfache der Zahl, so erhält man das Produkt aus 6 und 11.

72 Löse die Textgleichungen.

a) Wenn man zum Zehnfachen einer Zahl die Hälfte dieser Zahl addiert, so erhält man um sechs weniger als das Zwölffache dieser Zahl.

b) Subtrahiert man vom Fünffachen einer Zahl 6 und multipliziert die Differenz mit 4, so erhält man dreimal so viel, wie wenn man die um 1 vermehrte Zahl mit 3 multipliziert.

c) Addiere 9 zum Siebenfachen einer Zahl. Wenn du nun die Summe mit 5 multiplizierst und vom Produkt 200 subtrahierst, so erhältst du den Quotienten aus dem Achtfachen der Zahl und 2.

73 Bestimme die gesuchten Zahlen.

a) Von zwei Zahlen ist die zweite halb so groß wie die erste. Ihre Summe beträgt 15. Wie lauten die zwei Zahlen?

b) Die Summe dreier Zahlen ist 100. Die erste ist um 9, die zweite um 7 größer als die dritte. Wie heißen die drei Zahlen?

Merke

Sachaufgaben mit Gleichungen lösen
- Um Sachaufgaben mit einer Gleichung zu lösen, legst du zuerst eine Variable x fest.
- Versuche dann, die übrigen Größen mithilfe dieser Variablen auszudrücken.
- Stelle die Gleichung auf und löse nach x auf.

Beispiel

Bei einer Wahl mit den Bewerbern A, B und C waren von den 123 617 abgegebenen Stimmen 1 046 ungültig. Auf A entfielen 41 608 Stimmen weniger als auf B. Auf C entfielen 18 436 Stimmen mehr als auf B.
Wie viele Stimmen erhielt jeder?

Lösung:

Vorüberlegungen

Anzahl der gültigen Stimmen:
$123\,617 - 1\,046 = 122\,571$

Lege die Variable x (hier: Stimmen von Kandidat B) fest.
Überlege dir, wie viele Stimmen die anderen Kandidaten bekommen.

$$\left.\begin{array}{ll} \text{Kandidat A:} & x - 41\,608 \\ \text{Kandidat B:} & x \\ \text{Kandidat C:} & x + 18\,436 \end{array}\right\} 122\,571$$

Gleichung aufstellen und lösen

Insgesamt wurden 122 571 gültige Stimmen abgegeben.

$$\begin{aligned} x - 41\,608 + x + x + 18\,436 &= 122\,571 && \text{zusammenfassen} \\ 3x - 23\,172 &= 122\,571 && |+23\,172 \\ 3x &= 145\,743 && |:3 \\ x &= 48\,581 \end{aligned}$$

Ergebnis

Kandidat A: $48\,581 - 41\,608 = 6\,973$ Stimmen
Kandidat B: $48\,581 = 48\,581$ Stimmen
Kandidat C: $48\,581 + 18\,436 = 67\,017$ Stimmen

Aufgaben

74 Bei einer Bürgermeisterwahl wurden 98 024 Stimmen abgegeben. Davon waren 209 ungültig. Frau Bayer erhielt 11 906 Stimmen mehr als Herr Adam. Herr Carlo erhielt 29 327 weniger als Herr Adam.
Wie viele Stimmen entfielen auf jeden?

75 In einem Kino werden von den 1. Plätzen 65 weniger verkauft als von den 2. Plätzen. Von den 3. Plätzen werden 48 mehr verkauft als von den 2. Plätzen.
Wie viele der 370 verkauften Karten entfallen auf die einzelnen Plätze?

76 Bei der Verteilung eines Gewinns von 61 000 € erhält B das Doppelte von A und zusätzlich noch 2 000 €. C erhält insgesamt 16 000 €. D erhält so viel wie B und C zusammen.
Berechne die Anteile von A, B und D mit einer Gleichung.

77 Bei einer Sammlung für das Schullandheim beteiligen sich die drei neunten Klassen einer Hauptschule. Sie lieferten zusammen 608 € ab. Die Klasse 9 a konnte um 20 € mehr als das Doppelte des Betrags sammeln, den die 9 b erzielte. Hätte die Klasse 9 c noch 12 € mehr sammeln können, wäre von ihr der dreifache Betrag der Klasse 9 a erreicht worden.
Wie hoch war das Sammelergebnis jeder Klasse?

4 Zuordnungen

Proportionale Zuordnungen

Merke

Proportionale Zuordnungen
Wenn bei einer Zuordnung zwischen zwei Größen gilt:
- das **Doppelte** der einen Größe → das **Doppelte** der anderen Größe
- das **Dreifache** der einen Größe → das **Dreifache** der anderen Größe
- das **Vierfache** der einen Größe → das **Vierfache** der anderen Größe

usw.
- die **Hälfte** der einen Größe → die **Hälfte** der anderen Größe
- ein **Drittel** der einen Größe → ein **Drittel** der anderen Größe
- ein **Viertel** der einen Größe → ein **Viertel** der anderen Größe

usw.
dann liegt eine **proportionale** Zuordnung vor.

Beispiel

Für 12 € bekommt man am Obststand 4,5 kg Apfelsinen.
Wie viele kg bekommt man für 8 €?
Lösung:

	Preis (€)	Menge (kg)	
: 12	12 €	4,5 kg	: 12
· 8	1 €	0,375 kg	· 8
	8 €	3 kg	

Für 8 € erhält man 3 kg.

Aufgaben

78 5 kg Kartoffeln kosten 4,50 €.
Fülle die Tabelle aus.

Menge (kg)	1	2	3	4	5	6	7	8	9	10
Preis (€)					4,50					

79 Für drei Arbeitsstunden berechnet ein Elektromeister 127,50 €.
Fülle die Tabelle aus.

Zeit (h)	1	2	3	4	5	6	7	8	9	10
Lohn (€)			127,50							

80 Herr Düce bezahlt für 2 200 ℓ Heizöl 1 232 €.
a) Frau Demir bestellt 1 850 ℓ Heizöl.
Wie viel muss sie bezahlen?
b) Familie Perschke bezahlt 1 372 €.
Wie viele Liter Heizöl wurden geliefert?

81 Fülle die Tabellen aus.

Stück	Preis (€)
4	
	4,50
15	6,75
	7,20
18	
	9,45

Menge (kg)	Preis (€)
5	
6	20,40
8	
	37,40
13	
	57,80

Liter	Preis (€)
15	
	11,25
30	37,50
	56,25
75	
	35,00

82 Sieben Schokoladenriegel kosten 3,15 €.
Wie teuer sind fünf Schokoladenriegel der gleichen Sorte?

83 Vier Eintrittskarten für das Spiel Borussia Dortmund gegen Bayern München kosten 60 €.
Wie viel kosten sieben Karten?

84 25 Kugeln Eis kosten 22,50 €.
a) Wie viel kosten 40 Kugeln Eis?
b) Wie viele Kugeln Eis bekommt man für 12,60 €?

85 Für 100 g Salamiaufschnitt bezahlt Björn 1,95 €.
a) Herr Küppers kauft 375 g Salamiaufschnitt.
Wie viel muss er bezahlen?
b) Frau Wicke bezahlt 7,80 €.
Wie viel Gramm Salamiaufschnitt kauft sie?

86 Sonja und Heike füllen in einem Verbrauchermarkt Regale auf.
a) Vergangene Woche arbeitete Sonja sieben Stunden und verdiente 43,75 €.
Diese Woche bekam sie 56,25 €.
Wie viele Stunden arbeitete sie?
b) Heike kam letzte Woche auf fünf Arbeitsstunden.
Wie hoch war ihr Verdienst?
c) Diese Woche verdiente Heike 40,63 €.
Auf wie viele Arbeitsstunden kam sie?

87 Ein drei Meter langes Stück Kabel wiegt 240 g.
a) Wie schwer ist ein Bund mit 50 Meter Kabel?
b) Wie viele Meter Elektrokabel sind auf einem Bund, der 38 kg wiegt?

88 Für eine Fahrstrecke von 350 km benötigt Herr Breu mit seinem Auto 28 Liter Normalbenzin.
a) Mit wie vielen Litern Normalbenzin muss er für eine Fahrstrecke von 270 km rechnen?
b) Herr Breu verbrauchte 35 Liter Benzin.
Welche Strecke legte er zurück?

89 Ein quaderförmiges Schwimmbecken wird gefüllt. Nach 90 Minuten steht das Wasser 36 cm hoch.
Nach wie vielen Minuten ist das Schwimmbecken auf eine Höhe von 1,70 m gefüllt?

Merke

Schaubild einer proportionalen Zuordnung
Der Graf einer direkt proportionalen Zuordnung ist eine **Halbgerade** im Koordinatensystem. Sie beginnt im **Ursprung (Nullpunkt)**.

Beispiel

Frau Dehn legt mit ihrem Auto eine 450 km lange Strecke in fünf Stunden zurück. Zeichne ein Schaubild, das den Zusammenhang zwischen Zeit und Weg abbildet. Nimm dazu an, dass Frau Dehn mit gleichbleibender Geschwindigkeit fährt.

Lösung:

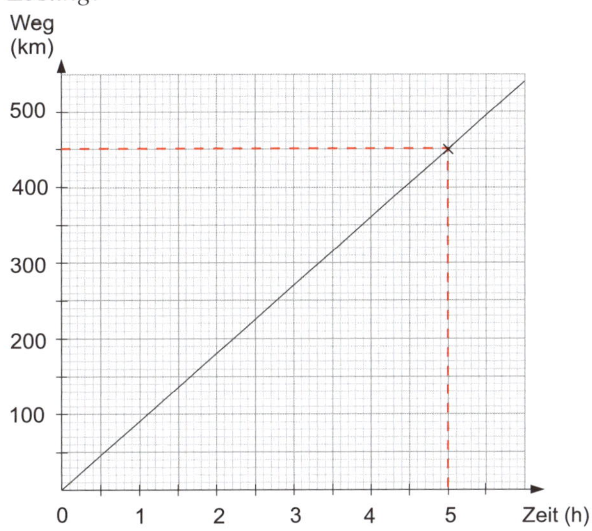

In fünf Stunden legt Frau Dehn 450 km zurück. Markiere diesen Punkt im Diagramm.
Da es sich um eine proportionale Zuordnung handelt, muss die Gerade außerdem im Ursprung beginnen.

Aufgaben

90 Beantworte folgende Fragen zum Beispiel. Lies aus dem oben stehenden Schaubild ab.
a) Wie groß ist die Durchschnittsgeschwindigkeit Frau Dehns?
b) Wie lange braucht sie für 360 km?
c) Wie viele Kilometer hat sie nach zwei Stunden zurückgelegt?

91 Der Kilometerpreis bei der Deutschen Bahn AG beträgt ca. 30 Cent.
a) Ergänze zuerst die fehlenden Zahlen in der Tabelle.

Länge (km)	5	12	15	24	30
Fahrpreis (€)					

b) Zeichne dann die Zuordnung in ein Koordinatensystem.
c) Lies nun den Fahrpreis für 20 km aus der Zeichnung ab.

92 Dirk fährt mit dem Fahrrad in drei Stunden eine 60 km lange Strecke.
a) Ergänze die Tabelle.

Zeit	15 min	30 min	45 min	60 min	1 h 15 min	1 h 30 min	2 h	2 h 45 min	3 h
Weg (km)									60

b) Zeichne das Schaubild der proportionalen Funktion (1 cm ≙ 30 min; 1 cm ≙ 10 km).
c) Lies aus dem Schaubild ab, wie weit Dirk nach 1 h 45 min gefahren ist.
d) Lies aus dem Schaubild ab, wie lange Dirk für 50 km braucht.

Antiproportionale Zuordnungen

Merke

Antiproportionale Zuordnungen

Wenn bei einer Zuordnung zwischen zwei Größen gilt:

- das **Doppelte** der einen Größe → die **Hälfte** der anderen Größe
- das **Dreifache** der einen Größe → ein **Drittel** der anderen Größe
- das **Vierfache** der einen Größe → ein **Viertel** der anderen Größe

usw.

- die **Hälfte** der einen Größe → das **Doppelte** der anderen Größe
- ein **Drittel** der einen Größe → das **Dreifache** der anderen Größe
- ein **Viertel** der einen Größe → das **Vierfache** der anderen Größe

usw.

dann liegt eine **antiproportionale** Zuordnung vor.

Beispiel

Für die Erneuerung der Schulhausfassade benötigen sechs Maler zehn Tage. Die Firma kann nur vier Maler einsetzen.

Wie lange dauern nun die Malerarbeiten?

Lösung:

	Arbeiter	Tage	
:6	6	10	·6
·4	1	$10 \cdot 6 = 60$	:4
	4	$60 : 4 = 15$	

oder:

6 Arbeiter $\cdot$ 10 Tage = 60 Arbeitstage (Gesamtgröße)

1 Arbeiter braucht 60 Tage.

4 Arbeiter brauchen $60 : 4 = 15$ Tage.

Vier Arbeiter brauchen 15 Tage.

Aufgaben

93 Berechne zuerst die Gesamtgröße. Berechne dann die fehlenden Werte in den Tabellen.

a) Zur Aufschüttung eines Lärmschutzwalls benötigen drei Radlader zwölf Arbeitstage.

Radlader	1	2	3	4	9	12	18	36
Tage			12					

b) Acht Bagger heben einen Teilabschnitt eines Kanals in 30 Tagen aus.

Bagger	4	10	12	24	6					
Tage						6	24	12	10	8

c) Zwölf Planierraupen ebnen ein Gelände für eine neue Startbahn in 30 Tagen ein.

Raupen	5		20		30		9		8	
Tage		15		10		18		12		36

94 Zur Umgestaltung einer Parkanlage brauchen drei Gärtner acht Tage.

a) Wie lange brauchen zwei Gärtner?

b) Die Arbeiten sollen nach sechs Tagen abgeschlossen sein.
Wie viele Gärtner müssen eingesetzt werden?

95 Berechne die fehlenden Werte in den Tabellen.

Anzahl der Lkws	Fahrten je Lkw
6	15
	45
9	
	30
5	

Täglicher Ölverbrauch (ℓ)	Anzahl der Tage
40	75
30	
	60
20	
	120

Anzahl der Raten	Höhe je Rate (€)
36	180
24	
	540
20	
	216

96 Ein Futtervorrat für 24 Pferde reicht 25 Tage.
a) Wie lange reicht der Futtervorrat für 30 Pferde?
b) Für wie viele Pferde reicht der Futtervorrat 40 Tage?

97 Vier Maschinen erledigen einen Auftrag in neun Stunden. Wie lange brauchen sechs Maschinen?

98 Drei Bagger ziehen einen Graben in 60 Stunden. In welcher Zeit verrichten fünf Bagger die Arbeit?

99 Wenn Anja im Urlaub täglich 7,50 € von ihrem Taschengeld ausgibt, reicht es für 14 Tage aus. Das Taschengeld ist bereits nach zehn Tagen ausgegeben. Wie viel hat sie durchschnittlich pro Tag verbraucht?

100 Sabine und Heike wollen gemeinsam im Urlaub drei Wochen lang zelten. Sie wissen von einem früheren Urlaub, dass das Gas im Campingkocher 14 Tage ausreicht, wenn sie den Campingkocher jeden Tag 2,5 Stunden brennen lassen.
Sie überlegen, wie viele Stunden und Minuten sie den Campingkocher jeden Tag benutzen können, damit das Gas für die gesamten drei Wochen ausreicht.

101 Damit das Frauenregionalligaspiel FC Gütersloh gegen SC Fortuna Köln angepfiffen werden kann, muss zuerst das Feld vom Schnee befreit werden. Die neun Arbeiter, die den Schnee räumen, versprechen, in vier Stunden fertig zu sein. Nico und seine zwei Freunde, die zum Zuschauen kommen möchten, überlegen:
Wann wäre die Spielfläche frei, wenn sie mithelfen würden?

102 In einem Wohnhaus werden im Winter täglich 60 Liter Heizöl verbraucht. Bei diesem Verbrauch reicht der Vorrat für 140 Tage.
a) Wie lange reicht der Vorrat, wenn täglich 75 Liter verbraucht werden?
b) Wie viele Liter dürfen täglich verbraucht werden, wenn der Vorrat 150 Tage reichen soll?

103 Ein Tischtennisverein mietet für einen Ausflug einen Bus. Wenn 54 Personen mitfahren, zahlt jede Person 35 €.
a) Es fahren nur 45 Personen mit. Wie hoch ist der Fahrpreis?
b) Wie viele Personen fahren mit, wenn der Fahrpreis pro Person 33,75 € beträgt?

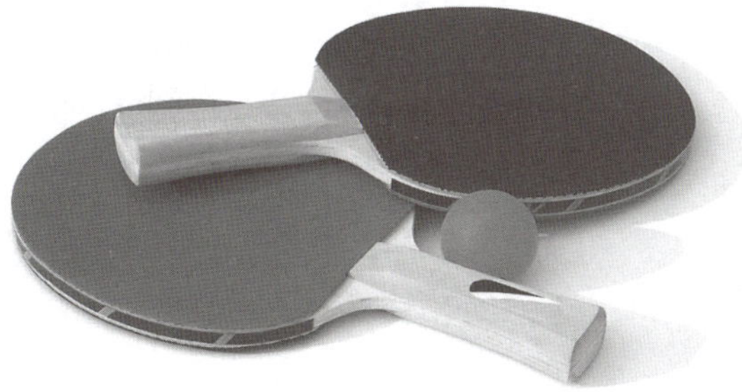

Merke

Schaubild einer antiproportionalen Zuordnung

Das Schaubild einer antiproportionalen Zuordnung ist eine **Kurve**.

Beispiel

Herr Ziegler fährt mit seinem Pkw auf der Autobahn zu einem Geschäftsfreund.
Die Fahrtstrecke beträgt 300 km.
Das Schaubild zeigt die Zeit, die Herr Ziegler für die 300 km benötigt, in Abhängigkeit von seiner Geschwindigkeit.

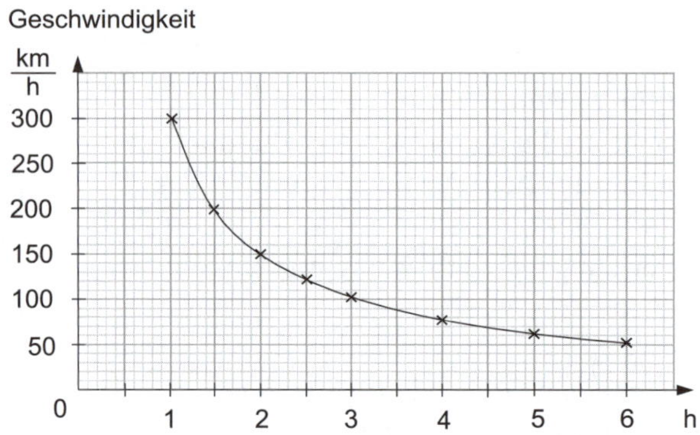

Je weniger Zeit Herr Ziegler für die Strecke benötigt, umso schneller fährt er.
Es handelt sich also um eine antiproportionale Zuordnung:

$1\,h \rightarrow v = \frac{300\,km}{1\,h} = 300\,\frac{km}{h}$

$2\,h \rightarrow v = \frac{300\,km}{2\,h} = 150\,\frac{km}{h}$

$3\,h \rightarrow v = \frac{300\,km}{3\,h} = 100\,\frac{km}{h}$

Aufgaben

104 Herr Ziegler fährt mit einer durchschnittlichen Geschwindigkeit von 120 $\frac{km}{h}$.
Lies die benötigten Angaben aus dem oben stehenden Schaubild ab.

a) Wie lange ist Herr Ziegler unterwegs?

b) Wie ändert sich die Reisedauer, wenn Herr Ziegler die Geschwindigkeit erhöht (verringert)?

c) Ergänze die Tabelle für die Reisedauer und die zugeordnete Strecke.

Reisedauer (h)	1	1,5	2	2,5	3	4	5	6
Geschwindigkeit $\left(\frac{km}{h}\right)$	300	200						
zurückgelegte Strecke (km)	300							

d) Ab welcher Reisedauer (Geschwindigkeit) entsprechen die Werte nicht der Wirklichkeit?

105 An einem anderen Tag besucht Herr Ziegler eine Filiale, die 240 km entfernt liegt. Er benutzt die Bundesstraße. Seine durchschnittliche Geschwindigkeit beträgt 80 $\frac{km}{h}$.

a) Fülle die Tabelle aus.

Reisedauer (h)	1	1,5	2	2,5	3	4	5	6
Geschwindigkeit $\left(\frac{km}{h}\right)$	240	160						
zurückgelegte Strecke (km)	240							

b) Zeichne das Schaubild (1 cm $\hat{=}$ 40 km; 1 cm $\hat{=}$ 0,5 h).

Schaubilder funktionaler Zusammenhänge

Merke

Funktionaler Zusammenhang
Wenn zwei Größen weder direkt noch indirekt proportional zueinander sind, kann zwischen ihnen ein anderer **funktionaler Zusammenhang** bestehen.
Dieser Zusammenhang kann in einer **Tabelle** oder in einem **Grafen** dargestellt werden.

Beispiel

Eine Taxifahrt kostet bei Taxi Schulze pro gefahrenem Kilometer 0,40 €. Der Grundpreis beträgt 3,40 €.

a) Erstelle eine Tabelle für die Fahrtkosten in Abhängigkeit von den gefahrenen Kilometern.
Lösung:
Zu den Kosten für die gefahrenen Kilometer muss jeweils noch der Grundpreis von 3,40 € addiert werden.

Strecke (km)	0	1	2	3	5	10	15
Fahrtkosten (€)	3,40	3,80	4,20	4,60	5,40	7,40	9,40

b) Zeichne den zugehörigen Grafen.
Lösung:

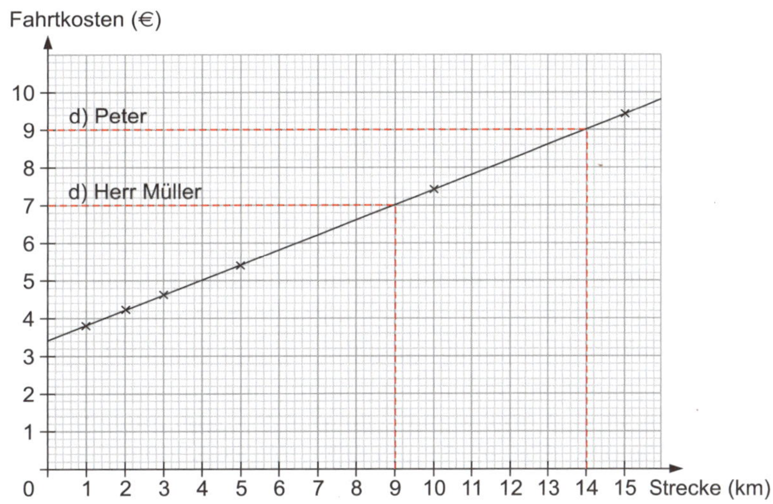

c) Stelle eine Gleichung auf, mit der man den Fahrpreis (y) in Abhängigkeit von den gefahrenen Kilometern (x) berechnen kann.
Lösung:
Fahrpreis = Preis pro km · Anzahl der gefahrenen Kilometer + Grundgebühr
$y = 0{,}4 \cdot x + 3{,}4$

d) Peter bezahlt 9 € für eine Fahrt, Herr Müller 7 €.
Lies aus dem Grafen die jeweils gefahrenen Kilometer ab.
Lösung:
Peter fährt 14 Kilometer, Herr Müller fährt neun Kilometer.

Aufgaben

106 Petra und Joachim möchten einen neuen Telefontarif. Sie vergleichen die Angebote.

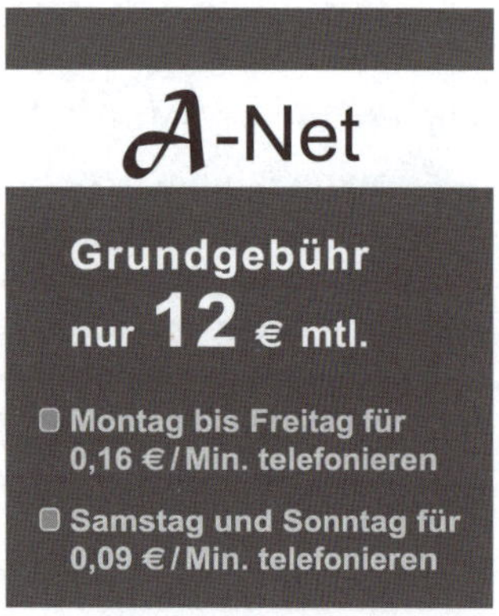

a) Die Schaubilder geben die monatlichen Kosten für Telefongespräche unter der Woche an. Ordne jedem Angebot das Schaubild zu, das am besten passt.

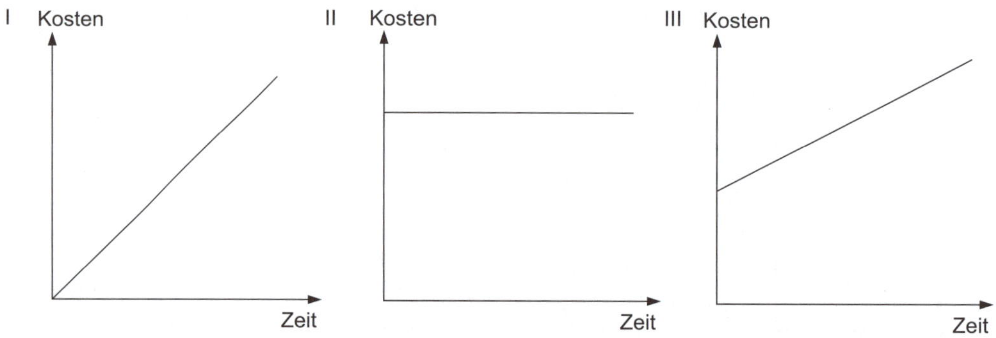

b) Wie viel muss man im Monat bezahlen, wenn man mit A-Net nur am Wochenende 84 Minuten telefoniert?

c) Wie lange kann man im A-Net und mit Call-by-Call unter der Woche für 36 € telefonieren?

d) Wie lange muss man unter der Woche mindestens telefonieren, damit die Flatrate günstiger ist als der Tarif von A-Net?

e) Joachim telefoniert in einem Monat ca. 100 Minuten (nur unter der Woche) und Petra telefoniert 140 Minuten (nur am Wochenende).
Zu welchem Tarif würdest du den beiden jeweils raten?

107 In einem Hochhaus mit 104 Stockwerken fährt ein Lift von Etage 104 bis Etage 0 (EG). In zehn Sekunden legt der Fahrstuhl acht Stockwerke zurück.

a) Ergänze die Tabelle und zeichne den zugehörigen Grafen.

Zeit (s)	0	10	20	30	40	50	60	70	80	90	100	110	120	130
Stockwerk														

b) Wie viele Stockwerke hat der Aufzug nach 40 Sekunden zurückgelegt?

c) Nach wie vielen Sekunden befindet sich der Aufzug in Stockwerk 24?

d) Ein weiterer Fahrstuhl startet im EG und fährt mit gleicher Geschwindigkeit nach oben. Lege eine neue Tabelle an und zeichne den Grafen in das Koordinatensystem.

e) Um welche Art der Zuordnung handelt es sich hierbei?

f) In welcher Etage begegnen sich die beiden Aufzüge, wenn sie zeitgleich starten? Lies aus dem Koordinatensystem ab.

108 Ein Öltank enthält noch 500 Liter Öl. Ein Tankwagen der Firma Roth-Öl pumpt 3 000 Liter Öl nach. Dabei fließen pro Minute 250 Liter in den Tank.

a) Ergänze die Tabelle und zeichne den dazugehörigen Grafen.
(x-Achse: 1 cm ≙ 2 min, y-Achse: 1 cm ≙ 500 ℓ)

Zeit (min)	0	1	2	3	4	5	6
Ölmenge (ℓ)							

b) Mit welchem der folgenden Terme könnte man die Ölmenge (y), die sich nach x Minuten im Tank befindet, berechnen? Kreuze an.

☐ $y = 250 \cdot x$ ☐ $y = 500 + 250 \cdot x$ ☐ $y = 500 \cdot x + 250$ ☐ $y = 500 \cdot x$

c) Nachdem der Tank voll ist, stellt die Firma Roth-Öl fest, dass der falsche Treibstoff geliefert wurde. Die gesamten 3 500 Liter Öl müssen wieder abgepumpt werden. (Die Pumpe arbeitet dabei genauso schnell wie vorher).
Zeichne den dazugehörigen Grafen mithilfe einer Wertetabelle in das vorhandene Koordinatensystem.

d) Nach wie vielen Minuten ist der Tank wieder leer? Lies aus dem Schaubild ab.

109 Hier siehst du das Schaubild einer 6,4 cm langen Geburtstagskerze, die sich in einer Minute Brennzeit um 0,7 cm verkürzt.

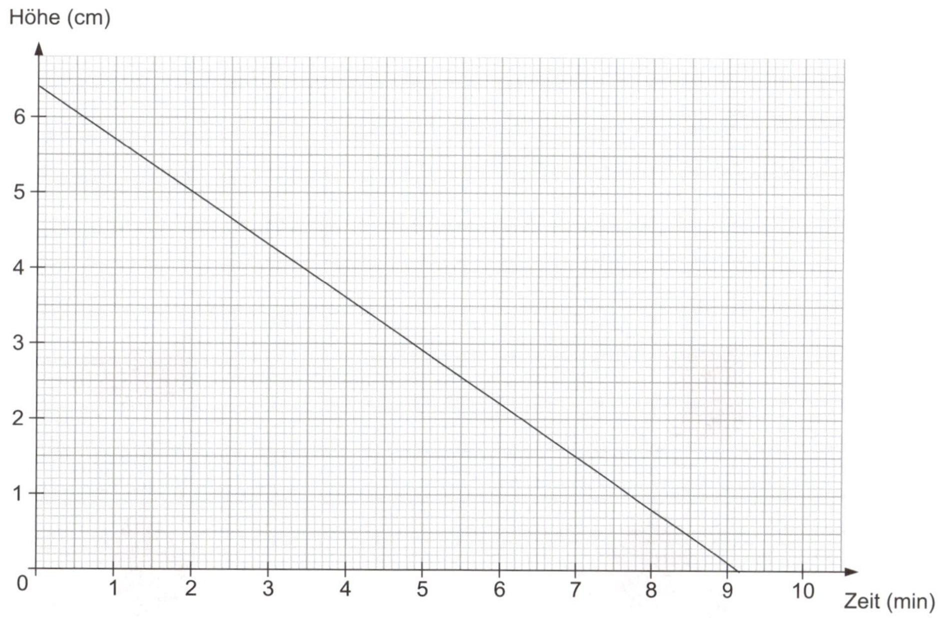

a) Mit welchem Term kann man die Länge der Kerze nach x Minuten berechnen?

☐ $y = 6{,}4 - x$ ☐ $y = 6{,}4 + 0{,}7 \cdot x$ ☐ $y = 0{,}7 \cdot x$ ☐ $y = 6{,}4 - 0{,}7 \cdot x$

b) Nach wie vielen Minuten ist die Kerze noch 5 cm lang?

c) Eine 5 cm lange Kerze wird pro Minute Brennzeit um 0,5 cm kürzer.
Fülle die Tabelle aus.

Zeit (min)	0	2	4	6	8	10
Höhe (cm)						

d) Zeichne den Grafen in das abgebildete Koordinatensystem.

e) Wann sind beide Kerzen gleich lang, wenn man sie zeitgleich anzündet?
Lies aus dem Koordinatensystem ab.

110 Die vier Vasen werden jeweils mit Wasser gefüllt. Die Schaubilder stellen den Füllvorgang dar. Ordne richtig zu.

a)

b)

c)

d)

I
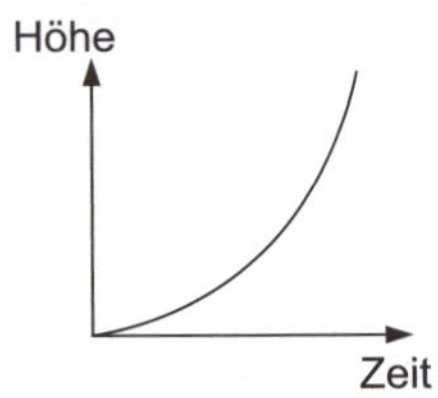

II
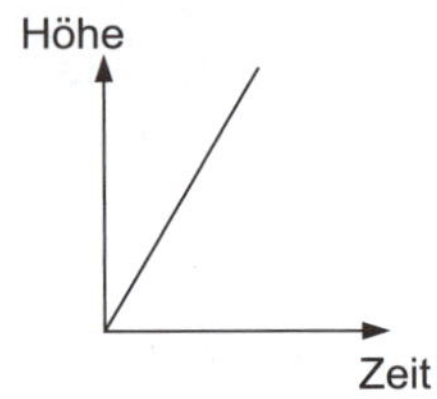

III
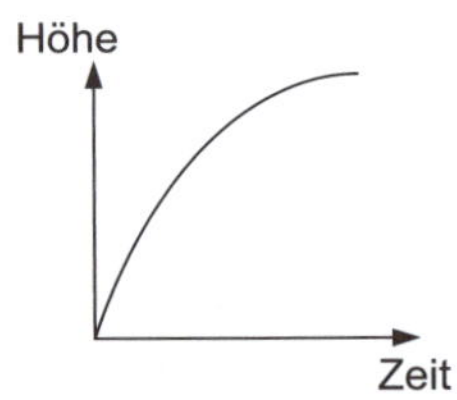

IV
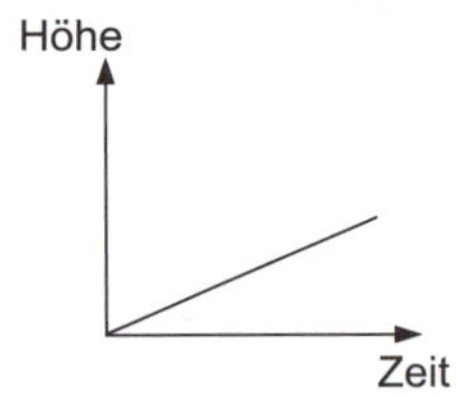

111 Die vier Schaubilder stellen die Höhe der Kerzen in Abhängigkeit von der Brenndauer dar. Ordne richtig zu.

a)
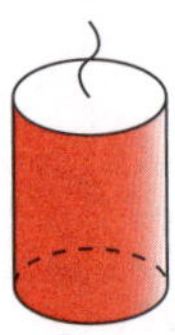

b)
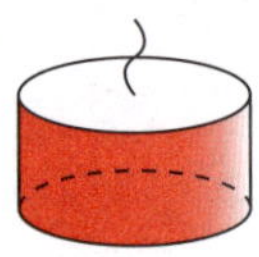

c)
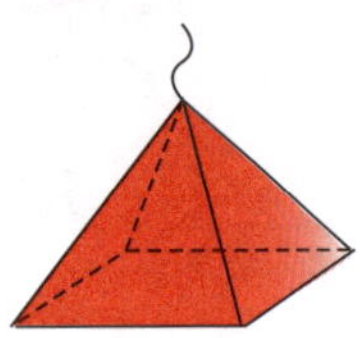

d)
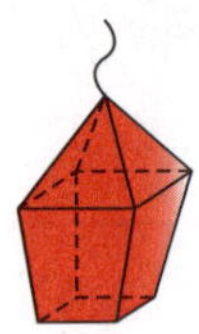

I
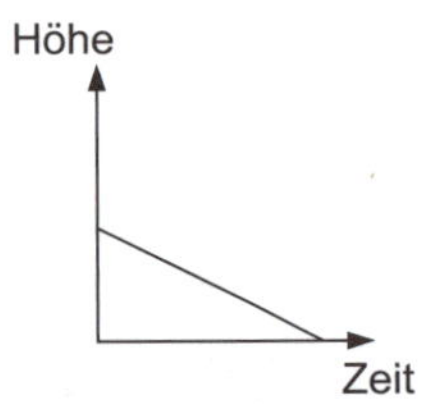

II
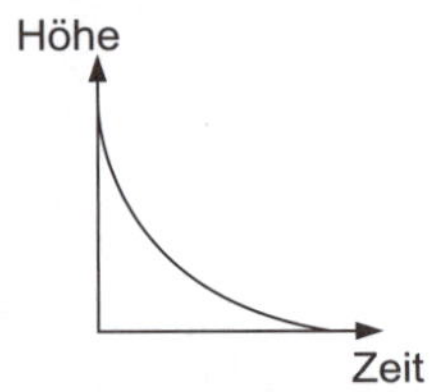

III

IV
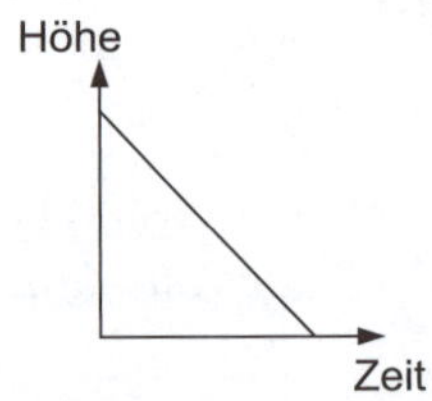

Merke

Weg-Zeit-Diagramm
Aus einem Weg-Zeit-Diagramm kannst du die benötigte **Zeit**, die zurückgelegte **Strecke** und die **Geschwindigkeit** ablesen.

Beispiel

Betrachte das nebenstehende Weg-Zeit-Diagramm.

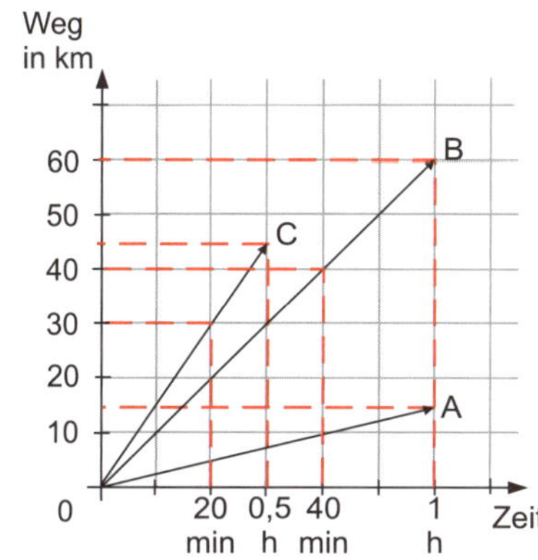

a) Welche Strecke legt Fahrzeug C in 20 Minuten zurück?
Lösung:
Fahrzeug C legt in 20 Minuten 30 km zurück.

b) Wie lange braucht Fahrzeug B für eine Strecke von 40 km?
Lösung:
Fahrzeug B braucht für 40 km 40 Minuten.

c) Mit welcher Geschwindigkeit fahren die Fahrzeuge jeweils?
Lösung:
Fahrzeug A legt in einer Stunde 15 km zurück.
Die Geschwindigkeit beträgt 15 $\frac{km}{h}$.

Fahrzeug B legt in einer Stunde 60 km zurück.
Die Geschwindigkeit beträgt 60 $\frac{km}{h}$.

Fahrzeug C legt in 0,5 Stunden 45 km zurück.
Die Geschwindigkeit beträgt 90 $\frac{km}{h}$.

Aufgaben

112 Welche Geschichte passt zu diesem Diagramm?

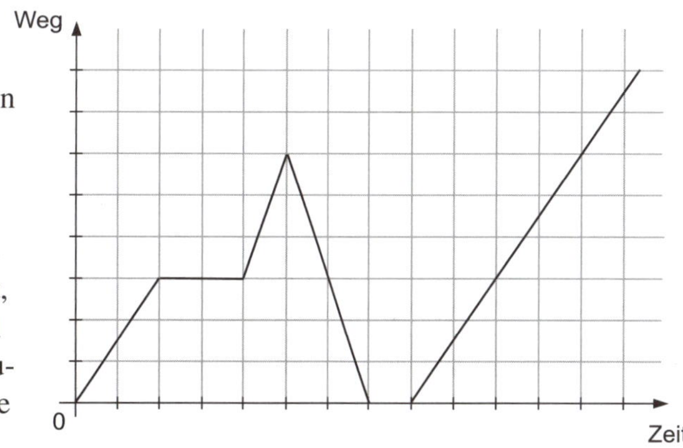

a) Sabine macht sich zu Fuß auf den Weg zu ihrer Freundin Petra. An der Ampel trifft sie Manuel und bleibt kurz stehen, um sich zu unterhalten. Nachdem Sabine weitergegangen ist, stellt sie fest, dass sie ihr Handy an der Ampel verloren hat. Schnell rennt sie zurück und kann nach kurzer Suche den Spaziergang zu Petra fortsetzen.

b) Sabine macht sich zu Fuß auf den Weg zu ihrer Freundin Petra. An der Ampel trifft sie Manuel und bleibt kurz stehen, um sich zu unterhalten. Da Sabine jetzt schon spät dran ist, rennt sie los, stellt aber nach kurzer Zeit fest, dass sie ihr Handy zu Hause vergessen hat. Schnell läuft sie zurück und kann sich nach kurzer Suche erneut auf den Weg zu Petra machen.

c) Sabine macht sich zu Fuß auf den Weg zu ihrer Freundin Petra. Nach wenigen Metern stellt sie fest, dass sie ihr Handy zu Hause vergessen hat. Schnell rennt sie zurück und findet nach kurzer Zeit das Telefon. Auf dem erneuten Weg zu Petra trifft sie schon bald Manuel und bleibt kurz stehen, um sich zu unterhalten. Da Sabine jetzt schon spät dran ist, rennt sie den Rest des Weges.

113 Beantworte folgende Fragen zu nebenstehendem Diagramm.

a) Welche Fahrzeuge fahren im gleichen Ort ab?
b) Wie viele Minuten nach C fährt A ab?
c) Gib die Geschwindigkeiten der Fahrzeuge an.
d) Welche Strecke legen die Fahrzeuge jeweils zurück?
e) Nach welcher Zeit hat B 40 km zurückgelegt?
f) Wie weit ist B nach 15 Minuten von C entfernt?

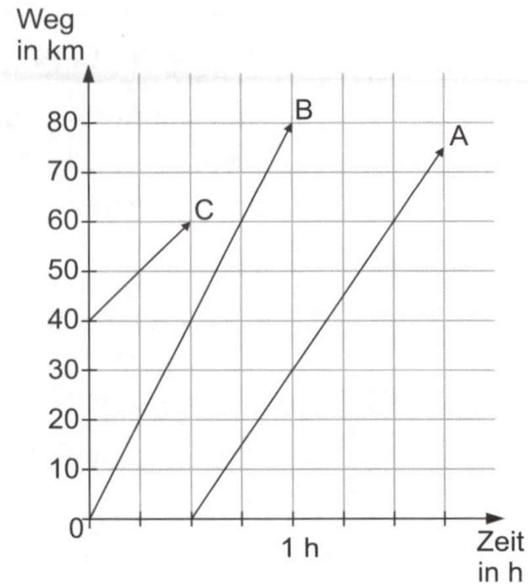

Einholaufgabe

Beispiel

Ein Auto fährt um 8.00 Uhr von Ort A aus mit gleichbleibender Geschwindigkeit von $v_1 = 40\,\frac{km}{h}$ in Richtung B. Eine Stunde später folgt dem Auto ein weiteres Fahrzeug, das mit einer Geschwindigkeit von $v_2 = 80\,\frac{km}{h}$ fährt.
Wann und in welcher Entfernung von A wird das erste Auto eingeholt?
Löse mithilfe einer Zeichnung.

Lösung:
Zeitachse: 4 cm ≙ 1 h
Wegachse: 1 cm ≙ 10 km

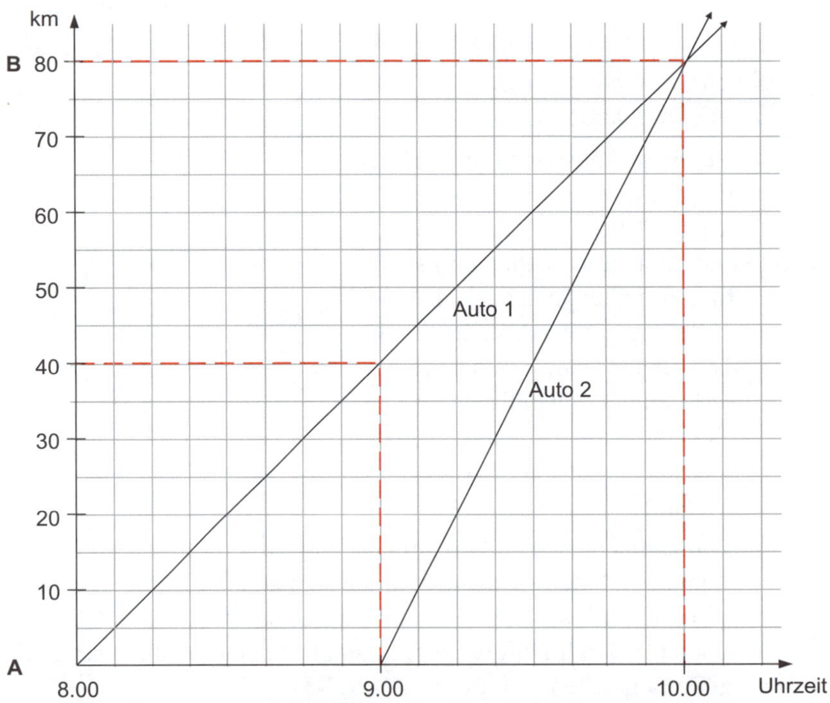

Die Einholzeit ist um 10.00 Uhr.
Das erste Auto wird 80 km von A entfernt eingeholt.

Begegnungsaufgabe

Beispiel

Zwei Orte A und B liegen 90 km voneinander entfernt. Um 12.00 Uhr fährt von A aus ein Radfahrer mit gleichbleibender Geschwindigkeit von $v_1 = 15\,\frac{km}{h}$ in Richtung B.
Um 13.00 Uhr startet von B aus ein Mopedfahrer mit gleichbleibender Geschwindigkeit von $v_2 = 45\,\frac{km}{h}$ und fährt dem Radfahrer entgegen.
Wann und in welcher Entfernung von A treffen sich die beiden?
Löse mithilfe einer Zeichnung.

Lösung:
Zeitachse: 3 cm ≙ 1 h
Wegachse: 1 cm ≙ 10 km

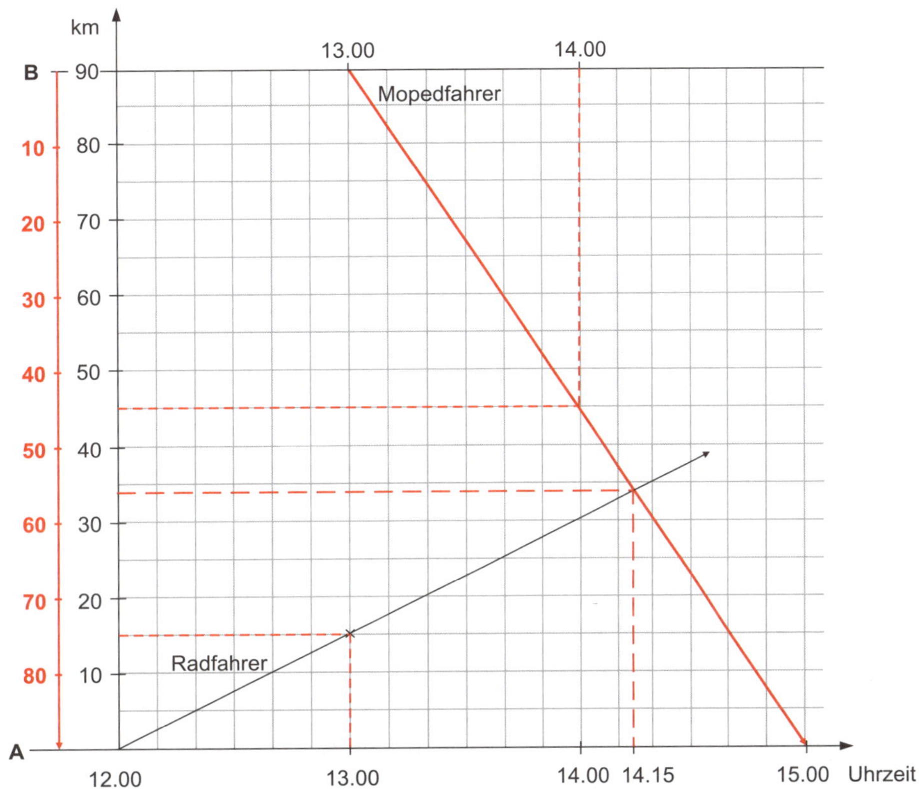

Die Treffzeit ist um 14.15 Uhr.
Der Treffpunkt ist ungefähr 34 km von A entfernt.

Aufgaben

114 Kurt bricht um 8.00 Uhr zu einer Radtour zu seiner Großmutter auf. Er radelt zunächst 1,5 Stunden lang mit einer durchschnittlichen Geschwindigkeit von $20\,\frac{km}{h}$. Dann legt er eine Pause von 30 Minuten ein und fährt anschließend mit einer Durchschnittsgeschwindigkeit von $15\,\frac{km}{h}$ weiter. Seine Mutter merkt beim Aufräumen, dass Kurt das Geschenk für seine Großmutter vergessen hat, und folgt ihm deshalb um 10.00 Uhr mit dem Auto. Sie kann mit einer durchschnittlichen Geschwindigkeit von $45\,\frac{km}{h}$ fahren.

a) Um wie viel Uhr holt die Mutter ihren Sohn ein?
b) Wie viele Kilometer von zu Hause entfernt liegt der Einholort?

Bestimme zeichnerisch.
Zeitachse: 4 cm ≙ 1 h
Wegachse: 1 cm ≙ 10 km

115 Zwei 9. Klassen, die miteinander in Briefkontakt stehen, wollen sich treffen. Ihre Schulorte sind 120 km voneinander entfernt. Die eine Klasse verlässt ihren Ort A um 7.30 Uhr mit dem Bus, der eine durchschnittliche Reisegeschwindigkeit von $90\,\frac{\text{km}}{\text{h}}$ erreicht. Die andere Klasse startet in Ort B um 8.00 Uhr. Ihr Bus fährt durchschnittlich $60\,\frac{\text{km}}{\text{h}}$.

a) Um wie viel Uhr treffen sich die beiden Klassen?

b) Wie viele Kilometer vom Ort B entfernt liegt der Treffpunkt?

Bestimme zeichnerisch.
Zeitachse: 1 cm ≙ 10 min
Wegachse: 1 cm ≙ 10 km

116 Beantworte zu diesem Diagramm folgende Fragen:

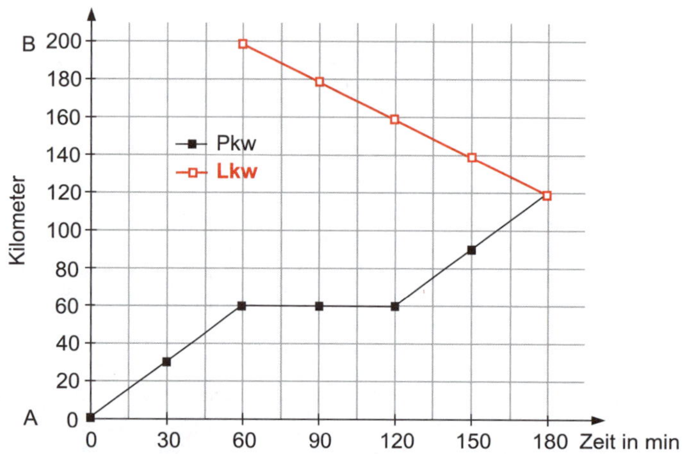

a) Der Pkw verlässt Ort A um 15.00 Uhr. Nach einer Stunde Fahrzeit hat er eine Panne.
- Gib seine Geschwindigkeit vor der Panne an.
- Um wie viel Uhr fährt der Pkw wieder weiter?
- Mit welcher Geschwindigkeit fährt der Pkw nach dem Aufenthalt weiter?

b) Der Lkw startet in Ort B.
- Um wie viel Uhr fährt der Lkw ab?
- Mit welcher Geschwindigkeit fährt der Lkw?
- Um wie viel Uhr begegnen sich Pkw und Lkw?
- Wie viele Kilometer von Ort B entfernt begegnen sich Lkw und Pkw?

117 Zwei Geschäftsfreunde, die in Köln bzw. in Regensburg wohnen, wollen sich in Würzburg treffen. In Köln startet Herr Albert um 7.00 Uhr mit seinem Pkw mit einer durchschnittlichen Geschwindigkeit von $100\,\frac{\text{km}}{\text{h}}$ in Richtung Würzburg, das 300 km entfernt ist. Nach 1,5 Stunden Fahrzeit gerät er in einen Stau, der ihn 30 Minuten aufhält. Danach fährt er mit einer durchschnittlichen Geschwindigkeit wie vor dem Stau weiter.
Von Regensburg aus fährt Herr Bauer ohne Pause Richtung Würzburg (200 km entfernt). Dabei legt er in 45 Minuten durchschnittlich 100 km zurück.
Fertige ein Weg-Zeit-Diagramm an und beantworte folgende Frage:
Um wie viel Uhr muss Herr Bauer losfahren, damit er zeitgleich mit Herrn Albert in Würzburg ankommt?

Löse zeichnerisch.
Zeitachse: 4 cm ≙ 1 h
Wegachse: 2 cm ≙ 100 km

5 Prozent- und Zinsrechnen

Prozentrechnen

Merke

Prozentrechnung

Beim Prozentrechnen benötigst du drei Begriffe:

- Der **Grundwert G** ist der Ausgangswert. Er entspricht immer 100 %.
- Der **Prozentwert P** ist ein Teil des Grundwerts.
- Der **Prozentsatz p %** bestimmt die Größe des Anteils.

Die Berechnung der einzelnen Werte erfolgt über den Dreisatz, mit dem Faktor oder mithilfe folgender Formeln:

$G = \frac{P \cdot 100}{p}$ $\quad P = \frac{G \cdot p}{100}$ $\quad p\,\% = \frac{P \cdot 100}{G}\,\%$

Beispiele

1. **Prozentwert P berechnen**

   Ein Pkw kostet 21 500 €. Bei Barzahlung gibt der Händler 4 % Rabatt. Wie viel Euro kann der Kunde sparen?

   Lösung:

	Prozent	Preis	
: 100	100 %	21 500 €	: 100
· 4	1 %	215 €	· 4
	4 %	860 €	

   Formel: $P = \frac{G \cdot p}{100} = \frac{21\,500\,€ \cdot 4}{100} = 860\,€$

   Faktor: $4\,\% = 0{,}04$

   $P = 21\,500\,€ \cdot 0{,}04 = 860\,€$

   Der Kunde kann 860 € bei Barzahlung sparen.

2. **Grundwert G berechnen**

   Ein Auszubildender spart jeden Monat 42,00 €. Das sind 12 % seines Lohns. Wie hoch ist sein Monatslohn?

   Lösung:

	Prozent	Lohn	
: 12	12 %	42,00 €	: 12
· 100	1 %	3,50 €	· 100
	100 %	350,00 €	

   Formel:

   $G = \frac{P \cdot 100}{p} = \frac{42{,}00\,€ \cdot 100}{12} = 350{,}00\,€$

   Er hat einen Monatslohn von 350,00 €.

3. **Prozentsatz p % berechnen**

   Bei einer Fahrt ins Schullandheim können von 24 Schülern drei Schüler wegen Krankheit nicht teilnehmen.
   Wie viel Prozent sind das?

   Lösung:

	Schüler	Prozent	
: 24	24	100 %	: 24
· 3	1	4,16… %	· 3
	3	12,5 %	

   Formel:

   $p\,\% = \frac{P \cdot 100}{G}\,\% = \frac{3 \cdot 100}{24}\,\% = 12{,}5\,\%$

   Es konnten 12,5 % der Schüler nicht an der Fahrt teilnehmen.

Aufgaben

118 Berechne die fehlenden Werte im Kopf.

	a)	b)	c)	d)	e)	f)	g)	h)	i)	j)	k)
G	140		1 600	720		2 000	50	80		500	150
p %	10 %	10 %	25 %		60 %	75 %		150 %	3 %	500 %	
P		60		360	300		250		12		750

119 Frau Grimm bestellt im Internet ein Notebook für 1 150 €. Zu dem Preis kommen noch 19 % Mehrwertsteuer hinzu.
a) Berechne die Höhe der Mehrwertsteuer.
b) Wie viel Euro muss Frau Grimm überweisen?

120 Für einen Roller bezahlt ein Zweiradhändler im Einkauf 2 624 €. Er kann ihn für 3 621,12 € verkaufen.
Berechne den Preisaufschlag in € und in Prozent.

121 Herr Schuster bekommt eine Zahnarztrechnung über 3 840 €.
Die Krankenversicherung übernimmt 80 % der Kosten.
Wie viel Euro muss Herr Schuster selbst aufbringen?

122 Franko erhält auf ein Fahrrad im Schlussverkauf 18 % Rabatt und zahlt 389,50 €.
Wie teuer war das Fahrrad ursprünglich?

123 Eine Gärtnerei hat eine Anbaufläche von 160 a. Auf 40 a werden Blumen gezogen, auf 50 a wird Gemüse angebaut. Auf der restlichen Fläche stehen Gewächshäuser.
Wie viel Prozent betragen die einzelnen Teilflächen?

124 Bernd möchte sich eine Digitalkamera kaufen. Der Preis der Kamera, die ihm am besten gefällt, beträgt 288 €. Da Bernd noch zögert, sagt der Verkäufer:
„Ich verkaufe Ihnen die Kamera für 279 €, dann haben Sie 3,5 % gespart."
Stimmt die Aussage des Verkäufers? Begründe deine Antwort.

125 Ein Computer wird im Räumungsverkauf um 22 % herabgesetzt. Tina kauft das Gerät und spart dadurch 219,78 €.
a) Wie teuer war der Computer vor dem Räumungsverkauf?
b) Wie viel bezahlt Tina?

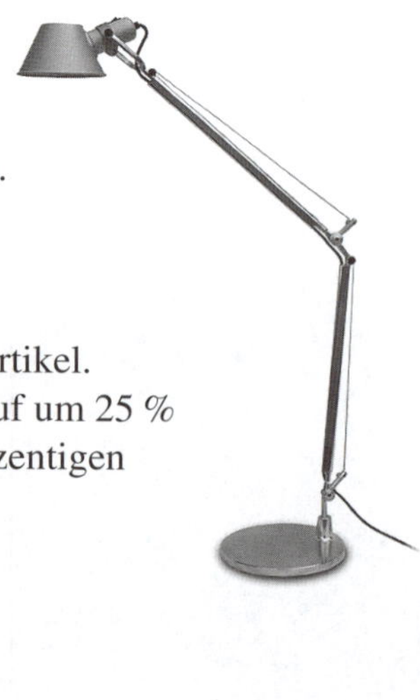

126 Die Reparaturkosten für das Auto von Herrn Kölle betragen 1 456 €.
Auf den Rechnungsbetrag werden noch 19 % Mehrwertsteuer erhoben.
Danach erhält Herr Kölle 2 % Skonto.
Wie viel muss er bezahlen?

127 Elena erhält als Angestellte eines Warenhauses 12 % Rabatt auf alle Artikel.
Sie kauft eine Lampe, die regulär 39,80 € kostet und im Schlussverkauf um 25 % reduziert wird. Auf den reduzierten Preis erhält sie noch den zwölfprozentigen Mitarbeiterrabatt.
Wie viel muss Elena nun für die Lampe bezahlen?

128 Im Winterschlussverkauf werden alle Artikel reduziert.

a) Wie viel kosten die Kleidungsstücke jetzt?
b) Die Hose und das Shirt wurden trotz Rabatt nicht verkauft, daher wird der Preis nochmals um 15 % gesenkt.
Wie teuer sind die beiden Kleidungsstücke nun?

129 An den Bürgermeisterwahlen in diesem Jahr beteiligten sich 70 % der 4 800 wahlberechtigten Bürger einer Gemeinde.

a) Wie viele Bürger gingen zur Wahl?
b) Berechne die Anzahl der ungültigen Stimmen.
c) Wie viel Prozent der gültigen Stimmen entfielen auf die einzelnen Kandidaten?
Runde die Ergebnisse auf eine Dezimalstelle.
d) Vor sechs Jahren waren in der Gemeinde 5 100 Bürger wahlberechtigt. Davon gingen 3 825 zur Wahl.
Berechne die damalige Wahlbeteiligung in Prozent.

Wahlergebnis:
Kandidat A: 1 350 Stimmen
Kandidat B: 750 Stimmen
Kandidat C: 1 100 Stimmen
Reststimmen ungültig

130 Die Anne-Frank-Schule besuchen 265 Schüler. Einige von ihnen engagieren sich jeweils in einer AG.

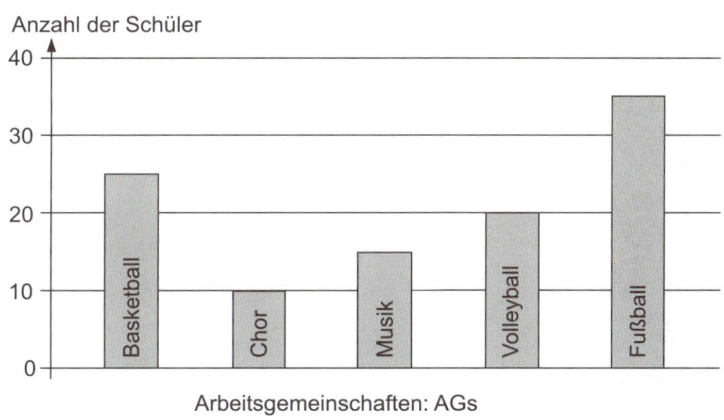

a) Wie viele Schüler nutzen insgesamt die Arbeitsgemeinschaften?
b) Berechne den prozentualen Anteil der einzelnen AGs an der gesamten Teilnehmerzahl.
c) Wie viel Prozent aller Schüler nehmen an den sportlichen AGs teil?
d) Die Teilnehmerzahl in der Fußball-AG ist im Vergleich zum Vorjahr um 9,375 % gestiegen. Wie viele Schüler waren letztes Jahr in der Fußball-AG?

131 Familie Kopp hatte vergangenen Monat folgende Ausgaben:

Wohnung/ Heizung	Nahrung/ Kleidung	Bildung/ Freizeit	Auto/Verkehrsmittel	Gesundheit/ Körperpflege	Sparen/ Sonstiges
912 €	672 €	264 €	360 €	120 €	72 €

a) Wie viel hat Familie Kopp insgesamt ausgegeben?
b) Zeichne für die Ausgaben in Euro ein Säulendiagramm (1 cm ≙ 100 €).
c) Berechne die Anteile der einzelnen Ausgaben in Prozent.

132

a) Durch den Betrieb einer Regenwassernutzungsanlage wird das Trinkwasser in folgenden Bereichen durch Regenwasser ersetzt: Toilettenspülung, Wäsche waschen, putzen, Garten bewässern.
Berechne die dadurch gesparte Trinkwassermenge pro Person und Tag in Prozent. Runde den Prozentsatz auf zwei Dezimalstellen.

b) Der angegebene Wert zur Toilettenspülung beträgt nur noch $\frac{3}{7}$ der Menge, die ältere Spüleinrichtungen verbraucht haben.
Berechne die so erzielte Wassereinsparung einer Person pro Jahr (365 Tage) in Liter.

c) Für ein Vollbad werden durchschnittlich 170 Liter Wasser benötigt. Beim Duschen verbraucht man 70 % weniger Wasser.
Wie viel Wasser kann eine Person in einem Jahr (52 Wochen) einsparen, wenn sie statt in der Woche zweimal zu baden einmal badet und einmal duscht?

Durchschnittliche Trinkwasserverbrauchswerte pro Person und Tag (vor dem Einbau einer Regenwassernutzungsanlage)

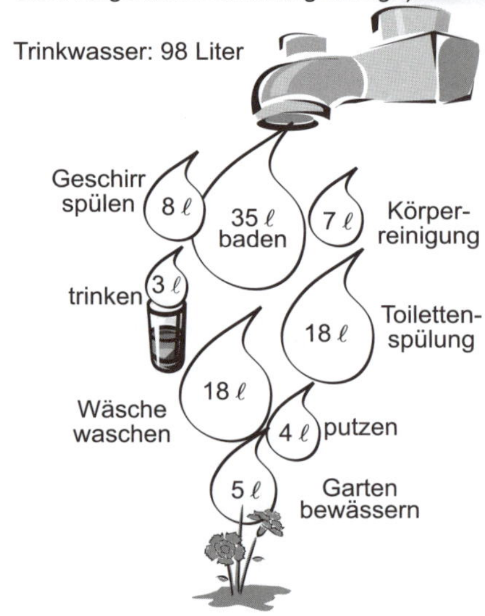

133

Verwendung des monatlichen Einkommens der Familie Müller (in €)

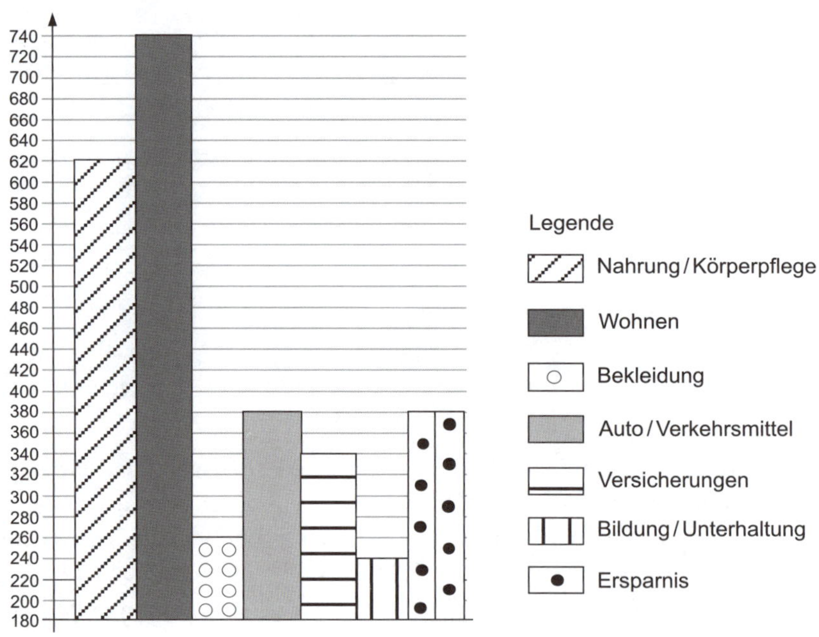

a) Wie viel Prozent des monatlichen Einkommens verbrauchte Familie Müller insgesamt für Nahrung/Körperpflege, Wohnen und Bekleidung?

b) 45 % des im ganzen Jahr gesparten Betrags verwendet Familie Müller für ihren Urlaub. Wie teuer kommt der Urlaub?

c) Die Ausgaben für Auto/Verkehrsmittel sind im Vergleich zum Vorjahr um 8 % gestiegen.
Wie hoch waren sie pro Monat im Vorjahr?

134 Frau Becker fährt mit ihren beiden Kindern in den Urlaub. In ihrer Reisekasse befinden sich 2 500 €.

a) Berechne die einzelnen Ausgaben in Euro.

b) Zeichne für die Ausgaben ein Säulendiagramm (1 cm ≙ 100 €).

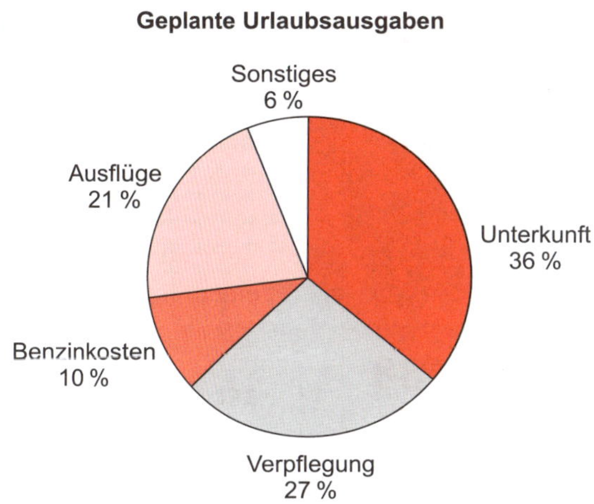

135 Bei einer Verkehrskontrolle wurden Mofas überprüft. Das Schaubild zeigt das Ergebnis der Kontrolle.

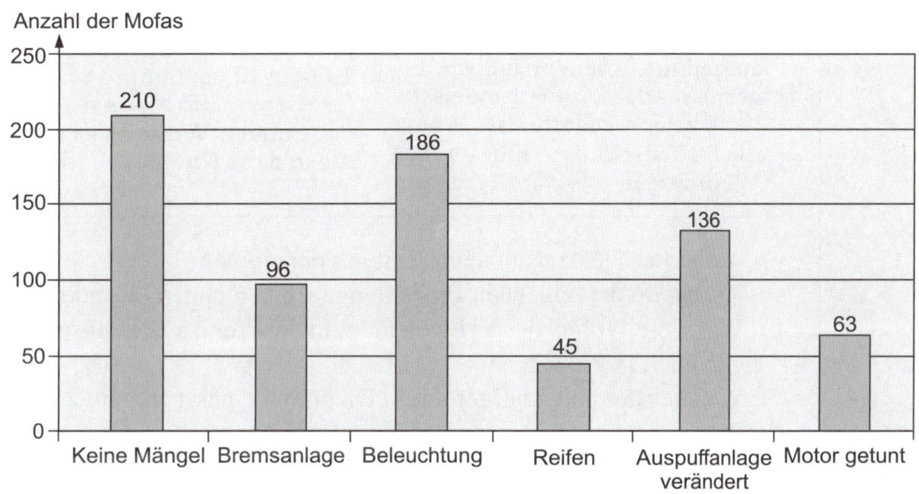

a) Wie viele Mofas wurden überprüft, wenn jedes Mofa maximal einen Mängel aufweist?

b) Berechne die prozentualen Anteile der Mängel.
Runde auf ganze Prozentsätze.

136 Die Aufgabe der Bundesversammlung ist es, den Bundespräsidenten zu wählen.
Das Diagramm zeigt dir die Zusammensetzung der Bundesversammlung 2009.

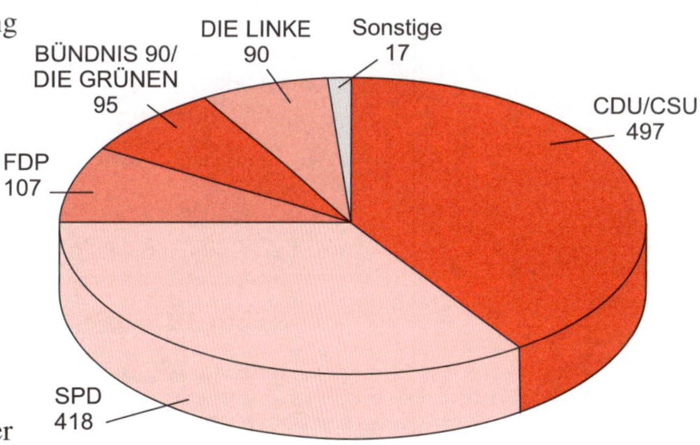

a) Wie viele Mitglieder waren im Jahr 2009 insgesamt in der Bundesversammlung vertreten?

b) Berechne jeweils den prozentualen Anteil der Parteien.

c) Bei der Wahl stimmten 50,1 % der Mitglieder für Horst Köhler, 41,1 % für Gesine Schwan und 7,4 % für Peter Sodann.
Wie viele Stimmen entfielen auf die einzelnen Personen?

137 In einer großen Tafel Vollmilchschokolade (250 g) sind folgende Bestandteile enthalten: Zucker 14 %, Kakaomasse 36 %, Milchbestandteile 28 %, Butterfett 7 %, sonstige Bestandteile 15 %.

a) Berechne das Gewicht der einzelnen Bestandteile in Gramm.
b) Wie viel Gramm der einzelnen Bestandteile sind in einer normalen Tafel Vollmilchschokolade (100 g) enthalten?
c) Stelle die Zusammensetzung einer normalen Tafel Vollmilchschokolade (100 g) in einem Balkendiagramm dar (1 cm ≙ 10 g).

138

Fast 5 000 Wohnwagen in die Niederlande exportiert

WIESBADEN – Wie das Statistische Bundesamt (Destatis) zu Beginn der diesjährigen Messe „Caravan Salon Düsseldorf" am 29. August mitteilt, wurden im ersten Halbjahr des Jahres 19 027 Wohnwagen im Wert von 250 Millionen Euro aus Deutschland ausgeführt. Die vorläufigen Ergebnisse der Außenhandelsstatistik zeigen zudem, dass erneut die Niederlande mit 4 941 Wohnwagen (%) Hauptabnehmer waren, gefolgt von Norwegen mit 2 670 Fahrzeugen (%) und Dänemark mit 2 404 Wohnwagen (3%).

Besonders gefragt waren, wie in den Vorjahren, die Anhänger zum Wohnen und Campen in der Gewichtsklasse von 750 bis 1 600 Kilogramm: 82% der insgesamt für das Ausland bestimmten Wohnwagen gehörten in diese Kategorie.

a) Aaron hat Flecken auf seine Zeitung bekommen.
Kannst du die fehlenden Prozentangaben berechnen? Runde auf ganze Prozent.
b) Wie viele Wohnwagen gingen nicht in die drei im Zeitungsartikel genannten Länder? Gib auch in Prozent an.
c) Welches der unten aufgeführten Diagramme passt zu dem Zeitungsartikel?
d) Wie viele, für das Ausland bestimmte, Wohnwagen waren zwischen 750 kg und 1 600 kg schwer?
e) Die Niederlande haben circa 16 Millionen Einwohner und etwa 450 000 Wohnwagen. Wie viel Prozent der Bevölkerung besitzen einen Wohnwagen?

Aufteilung der exportierten Wohnwagen nach Ländern

I

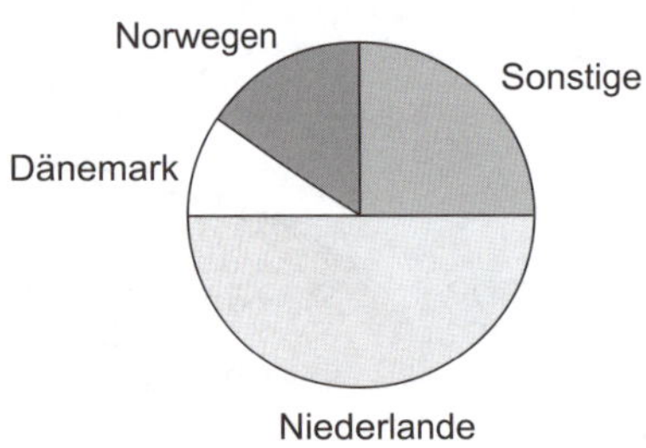

II

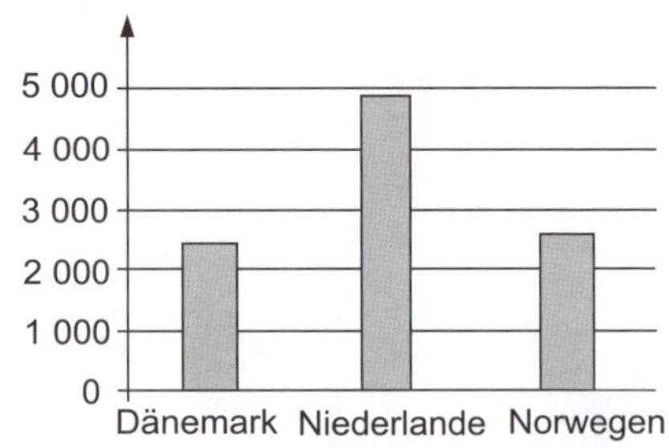

III

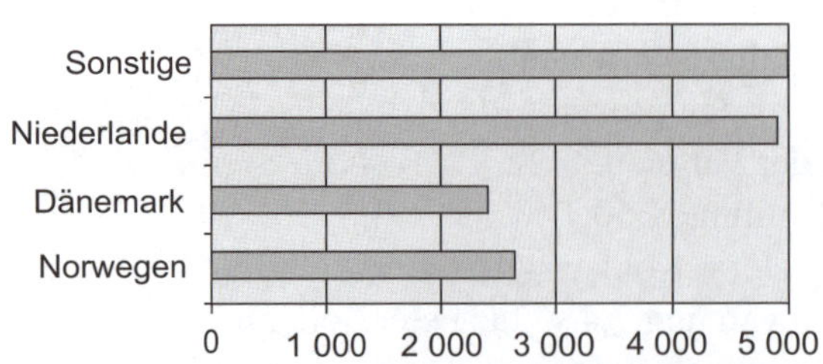

Zinsrechnen

Merke

Zinsrechnung

Die Zinsrechnung ist eine Anwendung der Prozentrechnung:

- Der **Grundwert G** heißt **Kapital K** und entspricht 100 %.
- Der **Prozentwert P** wird zu den **Zinsen Z**.
- Der **Prozentsatz p %** ist der **Zinssatz p %**. Er bezieht sich immer auf ein Jahr.

Die Berechnung der einzelnen Werte erfolgt wieder über den Dreisatz, mit dem Faktor oder mit den entsprechenden Formeln:

$K = \frac{Z \cdot 100}{p}$ $\qquad Z = \frac{K \cdot p}{100}$ $\qquad p\,\% = \frac{Z \cdot 100}{K}\,\%$

Beispiel

Herr Becker kauft ein Auto zum Preis von 31 500 €. Er zahlt 20 000 € an und finanziert den Restbetrag über die Autofinanzbank. Der Zinssatz der Autofinanzbank beträgt 4,9 %.

Wie viel Zinsen muss er nach einem Jahr bezahlen?

Lösung:

$K = 31\,500\,€ - 20\,000\,€ = 11\,500\,€$

	Prozent	Zinsen	
: 100	100 %	11 500 €	: 100
· 4,9	1 %	115 €	· 4,9
	4,9 %	563,50 €	

Zinsformel: $Z = \frac{11\,500\,€ \cdot 4,9}{100} = 563,50\,€$

Faktor: $4,9\,\% = 0,049$

$P = 11\,500\,€ \cdot 0,049 = 563,50\,€$

Er muss nach einem Jahr 563,50 € Zinsen bezahlen.

Aufgaben

139 Fülle die Tabelle aus. Runde die Zinssätze und die Eurobeträge auf zwei Dezimalstellen.

	a)	b)	c)	d)	e)	f)
Kapital	45 785 €	37 855 €		25 897 €	450 000 €	
Zinssatz	2,5 %		3,75 %	8,25 %		6,27 %
Jahreszinsen		852,25 €	582,25 €		47 589 €	2 250 €

140 Bei Bank A erhält Lukas für ein Jahr 4,5 % Zinsen, Bank B bietet 2,8 % an.
Berechne jeweils die Zinsen für sein Kapital von 2 800 €.

141 Herr Götze nimmt bei seiner Hausbank ein Darlehen in Höhe von 25 000 € zu einem Zinssatz von 9,8 % auf. Bei der Kreditbank hätte er für das gleiche Darlehen in einem Jahr 2 437,50 € Zinsen zahlen müssen.

a) Wie viel € Zinsen muss Herr Götze nach einem Jahr an seine Hausbank zahlen?
b) Welchen Zinssatz hätte Herr Götze bei der Kreditbank bekommen?

142 Welches Angebot ist günstiger?
50 000 € Darlehen, Rückzahlung 55 000 € nach einem Jahr oder 50 000 € zu einem Zinssatz von 9,75 %?

143 Carina bekommt zu ihrem 18. Geburtstag 800 €, die sie für ein Jahr anlegen möchte.

Hyperbank
Zinssatz: 6,5 %
Bearbeitungsgebühr: 15 €

Konsumbank
Zinssatz: 8,5 %
Bearbeitungsgebühr: 5 %

Landsparkasse
800 € einzahlen,
890 € bekommen!
Bearbeitungsgebühr: 50 €

Inter-Bank
800 € einzahlen,
842 € bekommen!
0 € Bearbeitungsgebühr!

Welches Angebot sollte Carina annehmen?

144 Um seinen Führerschein zu finanzieren, benötigt Marcel für ein Jahr einen Kredit über 1 600 €.
Zu welchem der folgenden Angebote würdest du Marcel raten?

Kredit A	Kredit B	Kredit C
12 Raten zu je 150 €	8,1 % Zinsen	7,5 % Bearbeitungsgebühr: 25 €

145 Die drei Geschwister Maria, Claudio und Giovanni erben jeweils 125 000 €.
a) Maria legt ihr Geld zu einem Festzins von 3,89 % an, wobei die Zinsen mitverzinst werden.
Berechne die Zinsen nach vier Jahren.
b) Claudio legt das Erbe zu folgenden Zinssätzen an:
1. Jahr 3,5 %, 2. Jahr 3,7 %, 3. Jahr 4,25 % und im 4. Jahr 4,5 %.
Die Zinsen werden jeweils mitverzinst.
Wie hoch sind die Zinseinnahmen?
c) Giovanni kauft eine Wohnung im Wert von 125 000 €, die er dann vermietet.
Die Mieteinnahmen betragen im ersten, zweiten und dritten Jahr 380 € pro Monat.
Im vierten Jahr erhöht Giovanni die Miete um 4,2 %.
Berechne die gesamten Mieteinnahmen.

146 Sonja hat ein Kapital von 6 200 € und möchte es für die nächsten fünf Jahre anlegen. Die Beraterin der Sparkasse legt ihr folgende zwei Angebote vor, bei denen die Zinsen jeweils mitverzinst werden.

	Angebot 1	Angebot 2
1. Jahr	3,5 %	4,0 %
2. Jahr	3,75 %	4,25 %
3. Jahr	4,0 %	4,5 %
4. Jahr	6,8 %	5 %
5. Jahr	4,5 %	5,5 %

a) Zu welchem Angebot würdest du Sonja raten? Begründe.
b) Welches Angebot ist das bessere, wenn Sonja ihr Geld bereits nach vier Jahren wieder benötigt?

147 Betrachte folgende Angebote aus den Kleinanzeigen:

a) Wie hoch ist jeweils der Rückzahlungsbetrag?
b) Berechne die Unterschiede zwischen dem Kredit und dem Rückzahlungsbetrag.
c) Berechne jeweils den Zinssatz.
d) Wie sollte man mit diesen Angeboten umgehen?

Merke

Monats- und Tageszinsen

Bei der Berechnung der Monats- und Tageszinsen gilt folgende Vereinbarung:
1 Monat = 30 Tage
1 Jahr = 12 Monate = 360 Tage

Zur Berechnung kannst du wieder den Dreisatz oder folgende Formeln verwenden:

$$K = \frac{Z \cdot 100 \cdot 360}{p \cdot t} \qquad p\,\% = \frac{Z \cdot 100 \cdot 360}{K \cdot t} \qquad Z = \frac{K \cdot p \cdot t}{100 \cdot 360} \qquad t = \frac{Z \cdot 100 \cdot 360}{K \cdot p}$$

Die Zeit t wird in der Regel in Tagen angegeben. Wenn die Zeit in Monaten angegeben ist, musst du die Zahl 360 in der Formel durch 12 (Monate) ersetzen.

Beispiel

Frau Ziegler zahlt auf ein Sparkonto 7 200 € ein. Die Sparkasse bietet für Sparguthaben einen Zinssatz von 2 %. Nach 220 Tagen hebt Frau Ziegler das Guthaben und die angefallenen Zinsen ab.
Wie viele Zinsen erhält sie für ihr Sparguthaben?

Lösung:

Jahreszinsen:

	Prozent	Zinsen	
: 100	100 %	7 200 €	: 100
· 2	1 %	72 €	· 2
	2 %	144 €	

Zinsen für 220 Tage:

	Tage	Zinsen	
: 360	360	144 €	: 360
· 220	1	0,40 €	· 220
	220	88 €	

Frau Ziegler erhält 88 € Zinsen.

Zinsformel:

$$Z = \frac{K \cdot p \cdot t}{100 \cdot 360} = \frac{7\,200\,€ \cdot 2 \cdot 220}{100 \cdot 360} = 88\,€$$

TIPP

Die hier vorgestellte kaufmännische Berechnung von Tageszinsen ist nur eine von vielen Möglichkeiten. Bei manchen Zinsmodellen wird das Jahr zu 365 Tagen (bzw. 366 Tagen, falls es sich um ein Schaltjahr handelt) gerechnet und die Tage werden genau wie im Kalender gezählt. Bei den folgenden Aufgaben solltest du so rechnen, wie du es in der Schule gelernt hast. Je nach Berechnungsweise können sich daher kleine Unterschiede zu den Lösungsvorschlägen ergeben.

Aufgaben

148 Berechne die fehlenden Werte in der Tabelle.

	a)	b)	c)	d)	e)	f)
K	11 800 €		330 €		20 000 €	1 420 €
p %	6 %	5 %		11,25 %	7,5 %	6 %
t	4 Monate	2 Monate	75 Tage	7 Monate		
Z		50 €	1,65 €	567 €	300 €	28,40 €

149 Berechne.

a) Wie viel Zinsen bringen 5 780 € nach 112 Tagen bei einem Zinssatz von 3,5 %?
b) Für ein Guthaben von 2 340 € zahlt die Bank nach acht Monaten 62,40 € Zinsen. Berechne den Zinssatz.
c) Wie groß ist ein Kapital, das bei einem Zinssatz von 9 % in 17 Tagen 8,50 € Zinsen erbringt?
d) 30 € Zinsen sind bei einem Zinssatz von 4 % für ein Kapital von 4 000 € zu zahlen. Berechne die Laufzeit.

150 Franka, Dimitros, Kevin und Vera kaufen jeweils einen Laptop für 595 €. Jeder kann den Computer mit einem Kredit von 9,7 % finanzieren, der täglich rückzahlbar ist.

a) Berechne für Franka, Dimitros, Kevin und Vera die anfallenden Zinsen.
b) Wie viel muss jeder insgesamt für den Laptop bezahlen?
c) Peter hat sein Geld gespart und kann so den Laptop drei Monate später ohne Kredit kaufen. Zusätzlich erhält er 5 % Rabatt und 2 % Skonto. Wie viel muss Peter bezahlen?
d) Wie viel spart Peter im Vergleich zu Vera? Beurteile das Kaufverhalten von Peter und Vera.

6 Stochastik

Daten erfassen, ordnen und auswerten

Merke

Urliste, Strichliste, Häufigkeitstabelle
Bei statistischen Untersuchungen werden **Daten** in einer **Urliste** gesammelt.
Die Daten der Urliste werden mithilfe einer **Strichliste** geordnet und in einer **Häufigkeitstabelle** übersichtlich dargestellt.

Beispiel

Tina befragt die Schüler der 7 a nach ihrem monatlich verfügbaren Taschengeld.
Sie legt eine **Urliste** an:

15 €	17 €	18 €	22 €	17 €	16 €	21 €	16 €	15 €	21 €
21 €	20 €	19 €	18 €	19 €	22 €	21 €	20 €	17 €	17 €
15 €	22 €	20 €	20 €	15 €	21 €	16 €	20 €	20 €	15 €

Ordne die Daten mithilfe einer Strichliste und lege eine Häufigkeitstabelle an.
Lösung:
Strichliste

Taschengeld	15 €	16 €	17 €	18 €	19 €	20 €	21 €	22 €
Anzahl der Schüler	𝍸	|||	||||	||	||	𝍸		𝍸	|||

Häufigkeitstabelle

Taschengeld	15 €	16 €	17 €	18 €	19 €	20 €	21 €	22 €
Anzahl der Schüler	5	3	4	2	2	6	5	3

Aufgaben

151 Björn befragt für die Schülerzeitung Mitschüler nach der Länge ihres Schulwegs.

2 km	4 km	3 km	4 km	1 km	2 km	6 km	5 km	2 km	1 km	3 km	3 km	2 km	2 km	1 km	4 km
6 km	5 km	4 km	3 km	2 km	2 km	2 km	3 km	6 km	5 km	3 km	4 km	1 km	5 km	2 km	1 km

a) Wie viele Schüler wurden befragt?
b) Lege für das Umfrageergebnis eine Strichliste an.
c) Übertrage das Ergebnis der Strichliste in eine Häufigkeitstabelle.

152 Svenja befragt die 9. Klassen an ihrer Schule nach ihrem monatlichen Taschengeld.

Anja:	30 €	Björn:	40 €	Chris:	35 €	Diana:	32 €	Erik:	40 €	Frank:	34 €
Greg:	31 €	Hannes:	39 €	Ina:	36 €	Joe:	33 €	Karl:	37 €	Lena:	31 €
Maja:	32 €	Nena:	34 €	Olaf:	33 €	Pia:	30 €	Ralf:	38 €	Susi:	31 €
Tanja:	32 €	Ulf:	33 €	Verony:	34 €	Wulf:	35 €	Xenia:	30 €	Alonso:	32 €
Beate:	38 €	Carlo:	37 €	Dennis:	36 €	Emine:	35 €	Fatma:	32 €	Gina:	39 €
Heike:	40 €	Ingo:	39 €	Jens:	37 €	Klara:	38 €	Lucie:	36 €	Mike:	30 €
Nico:	35 €	Otto:	32 €	Paul:	33 €	Roman:	31 €	Steve:	37 €	Tina:	40 €

a) Wie viele Schüler wurden befragt?
b) Lege für das Umfrageergebnis eine Strichliste an.
c) Übertrage das Ergebnis der Strichliste in eine Häufigkeitstabelle.

Merke

Absolute und relative Häufigkeit

- **Absolute Häufigkeit:** Anzahl eines Wertes
- **Relative Häufigkeit:** Anzahl eines Wertes in Bezug auf die Anzahl aller Werte

$$\text{Relative Häufigkeit} = \frac{\text{Absolute Häufigkeit}}{\text{Gesamtzahl der Werte}}$$

Die relative Häufigkeit kann als Bruch, Dezimalbruch oder in Prozent angegeben werden.

Beispiel

Alter der Schüler der Klasse 8 b (25 Schüler):

Alter (Jahre)	13	14	15	16
Strichliste	II	𝍸 𝍸	𝍸 III	𝍸

Bestimme die absolute und die relative Häufigkeit des Alters der Schüler und trage die Ergebnisse in eine Häufigkeitstabelle ein.

Lösung:

Alter (Jahre)	13	14	15	16
absolute Häufigkeit	2	10	8	5
relative Häufigkeit	$\frac{2}{25} = \frac{8}{100} = 0{,}08 = 8\ \%$	$\frac{10}{25} = \frac{40}{100} = 0{,}4 = 40\ \%$	$\frac{8}{25} = \frac{32}{100} = 0{,}32 = 32\ \%$	$\frac{5}{25} = \frac{20}{100} = 0{,}2 = 20\ \%$

Aufgaben

153 Ergebnisse der letzten Mathematikarbeit in den Klassen 9 a und 9 b:

9 a

Noten	1	2	3	4	5	6
Schüler	III	IIII	𝍸 II	III	II	I

9 b

Noten	1	2	3	4	5	6
Schüler	𝍸	II	𝍸 III	𝍸 II	I	II

a) Bestimme für jede Klasse die absolute und die relative Häufigkeit der einzelnen Noten und trage die Ergebnisse in eine Häufigkeitstabelle ein.

b) Bestimme für beide Klassen zusammen die absolute und die relative Häufigkeit der einzelnen Noten und trage die Ergebnisse in eine Häufigkeitstabelle ein.

154 Schülerinnen und Schülern der 10. Klasse wurde folgende Frage gestellt: „Wie oft gehst du werktags abends weg?“

0	1	2	3	4	5
𝍸 𝍸 II	𝍸 𝍸 IIII	𝍸 IIII	𝍸 II	𝍸	III

Lege eine Häufigkeitstabelle an und berechne die absoluten und die relativen Häufigkeiten.

155 Die Antworten auf die Frage „Wie viel Zeit verbringst du täglich vor dem Fernseher?“ wurden zunächst in einer Urliste gesammelt.

Urliste (Stunden vor dem Fernseher):

4 4 3 1 2 1 5 3 2 1 1 3 2 5 4 2 2 5 4 3 2 1 4 2 2 1 3 3 5 4 4 2
2 2 5 1 1 4 3 2 1 5 4 3 2 3 2 2 1 4 5 5 2 3 3 4 2 2 2 1 3 3 1 5

a) Ordne die Daten mithilfe einer Strichliste.

b) Bestimme die absolute und die relative Häufigkeit der einzelnen Zeiten und trage die Ergebnisse in eine Häufigkeitstabelle ein.

Merke

Mittelwert

So kannst du den **Mittelwert $\overline{x}$ (arithmetisches Mittel)** berechnen:

- Addiere die Zahlenwerte.
- Dividiere die Summe durch die Anzahl der Werte.

$$\text{Mittelwert } \overline{x} = \frac{\text{Summe aller Werte}}{\text{Anzahl der Werte}}$$

Beispiel

Frau Hansen schreibt jeden Tag ihre Ausgaben auf.

Montag	Dienstag	Mittwoch	Donnerstag	Freitag	Samstag
22,80 €	31,40 €	21,50 €	36,75 €	49,25 €	72,30 €

Wie viele € gibt sie durchschnittlich pro Tag aus?

Lösung:

Die durchschnittliche Ausgabe ist der Mittelwert der Ausgaben.

$$\overline{x} = \frac{22{,}80\,€ + 31{,}40\,€ + 21{,}50\,€ + 36{,}75\,€ + 49{,}25\,€ + 72{,}30\,€}{6}$$

$$\overline{x} = 39\,€$$

Frau Hansen gibt durchschnittlich 39 € aus.

Aufgaben

156 Sven erzielte in den letzten Englischarbeiten folgende Noten: 3; 4; 2; 2; 5
Berechne den Mittelwert.

157 Tina hat im vergangenen Schuljahr folgende Noten in den Mathematikarbeiten erhalten:

Klassenarbeit Nr.	1	2	3	4	5	6	7	8
Note	2	3	3	2	4	2	3	3

Berechne den Mittelwert ihrer Noten.

158 Morgens um 8 Uhr wurden folgende Außentemperaturen gemessen:

Montag	Dienstag	Mittwoch	Donnerstag	Freitag	Samstag	Sonntag
8,2 °C	10,7 °C	12,4 °C	14,1 °C	11,9 °C	12,7 °C	9,8 °C

Wie hoch war diese Woche die durchschnittliche Temperatur um 8 Uhr morgens?

159 Werchojansk in Sibirien gehört zu den kältesten Orten der Welt. Die Tabelle zeigt die monatlichen Durchschnittstemperaturen:

Monat	Jan.	Feb.	März	April	Mai	Juni	Juli	Aug.	Sep.	Okt.	Nov.	Dez.
Temp. in °C	−49	−45	−30	−13	2	12	15	11	2	−14	−37	−46

Berechne die durchschnittliche Jahrestemperatur.

160 Ein Kino ermittelte innerhalb einer Woche folgende Besucherzahlen:

Tag	Mo	Di	Mi	Do	Fr	Sa	So
Besucher	164	157	193	348	425	413	298

a) Wie viele Besucher kamen im Durchschnitt pro Tag ins Kino?
Runde das Ergebnis auf eine ganze Zahl.

b) Wie viele Besucher hätten am Sonntag ins Kino kommen müssen, um eine durchschnittliche Besucherzahl von genau 300 zu erreichen?

Merke

Zentralwert

So kannst du den **Zentralwert (Median)** $\tilde{x}$ bestimmen:

- Sortiere die Zahlenwerte der Größe nach.
- **Ungerade Anzahl** von Daten: $\tilde{x}$ ist der Wert in der **Mitte** der Rangliste.
  Gerade Anzahl von Daten: $\tilde{x}$ ist der **Mittelwert** der beiden Werte in der Mitte.

Beispiele

1. Bestimme den Zentralwert für folgende Geldbeträge:
   22,75 € 23,49 € **23,78 €** 24,26 € 25,12 €
   Lösung:
   $\tilde{x} = 23,78$ €
   Ungerade Anzahl (5) von Daten: Der Zentralwert $\tilde{x}$ ist der dritte Wert.

2. Bestimme den Zentralwert für folgende Geldbeträge:
   22,75 € 23,49 € **23,78 €** **24,26 €** 25,12 € 25,98 €
   Lösung:
   $$\tilde{x} = \frac{23,78\text{ €} + 24,26\text{ €}}{2} = 24,02\text{ €}$$
   Gerade Anzahl (6) von Daten: $\tilde{x}$ ist der Mittelwert der beiden in der Mitte stehenden Werte.

Aufgaben

161 Anja notiert ihre Zeiten über 100 m.
15,2 s 14,9 s 15,1 s 14,6 s 15,4 s 14,8 s 15,0 s 14,9 s
a) Stelle eine geordnete Rangliste auf.
b) Berechne den Mittelwert und den Zentralwert für die gemessenen Zeiten.

162 Wladimir notiert seine Ergebnisse im Weitsprung.
4,78 m 5,02 m 5,08 m 4,97 m 4,85 m 5,01 m
a) Stelle eine geordnete Rangliste auf.
b) Berechne den Mittelwert und den Zentralwert für die erzielten Weiten.

163 Auf einem Autobahnabschnitt mit einer Geschwindigkeitsbegrenzung auf 80 $\frac{km}{h}$ kontrolliert die Verkehrsüberwachung die Geschwindigkeit der Fahrzeuge.
In einer Minute wurden folgende Geschwindigkeiten in $\frac{km}{h}$ gemessen:

105	78	80	88
79	92	85	112
102	77	78	99
80	87	93	103

a) Wie viele Fahrzeuge wurden kontrolliert?
b) Stelle eine geordnete Rangliste auf.
c) Wie viele Fahrzeuge hielten sich an die vorgeschriebene Höchstgeschwindigkeit?
d) Berechne jeweils den Mittelwert und den Zentralwert für die gemessenen Geschwindigkeiten.

Grafische Darstellungen und Diagramme

Merke

> **Diagramme**
> Die Daten einer Häufigkeitstabelle können in Diagrammen grafisch dargestellt werden. Gebräuchliche Diagrammtypen sind **Säulen-, Balken-, Streifen- und Kreisdiagramm**.

Beispiel

Das Ergebnis einer Prüfung ist in folgender Tabelle dargestellt:

Note	1	2	3	4	5	6
Anzahl	6	7	5	3	2	2

Stelle das Ergebnis in geeigneten Diagrammen dar.

Lösung:

Säulendiagramm

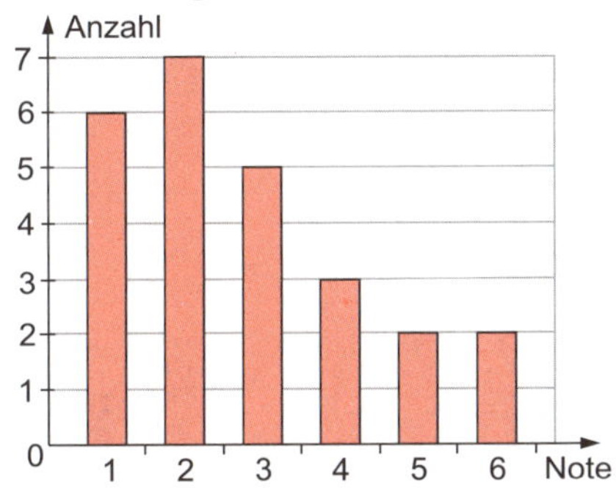

Balkendiagramm

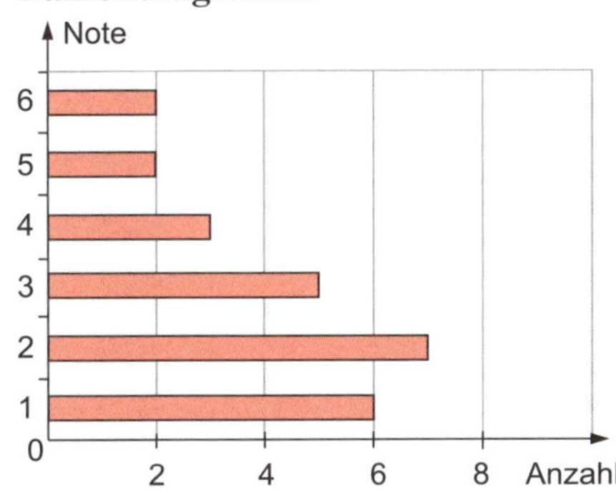

Streifendiagramm

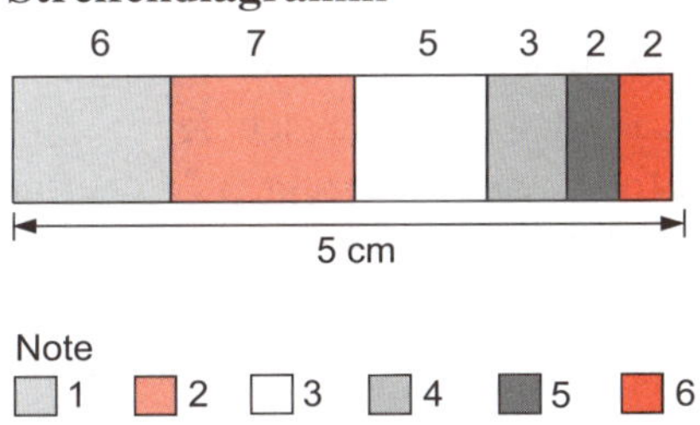

25 Schüler $\hat{=}$ 5 cm
1 Schüler $\hat{=}$ 0,2 cm
6 Schüler $\hat{=}$ 1,2 cm — Note 1
7 Schüler $\hat{=}$ 1,4 cm — Note 2
5 Schüler $\hat{=}$ 1,0 cm — Note 3
3 Schüler $\hat{=}$ 0,6 cm — Note 4
2 Schüler $\hat{=}$ 0,4 cm — Note 5
2 Schüler $\hat{=}$ 0,4 cm — Note 6

Kreisdiagramm

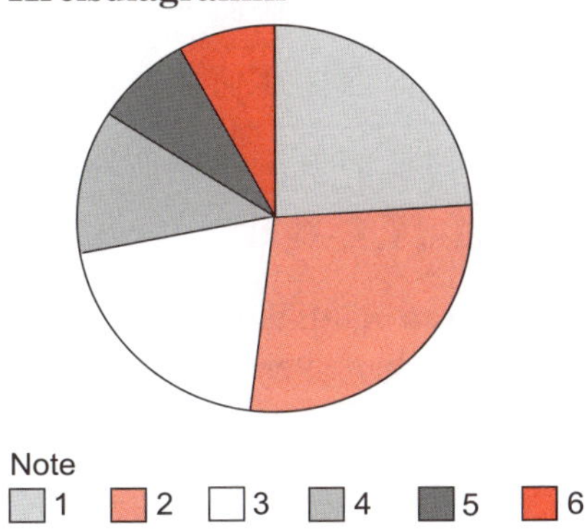

Winkel:
25 Schüler $\hat{=}$ 360°
1 Schüler $\hat{=}$ 14,4°
6 Schüler $\hat{=}$ 86,4° — Note 1
7 Schüler $\hat{=}$ 100,8° — Note 2
5 Schüler $\hat{=}$ 72° — Note 3
3 Schüler $\hat{=}$ 43,2° — Note 4
2 Schüler $\hat{=}$ 28,8° — Note 5
2 Schüler $\hat{=}$ 28,8° — Note 6

Aufgaben

164 Die Schülerinnen und Schüler einer Grundschule verteilen sich auf folgende Altersgruppen:

6 Jahre	7 Jahre	8 Jahre	9 Jahre	10 Jahre	11 Jahre
82	104	93	118	88	45

a) Wie viele Schülerinnen und Schüler besuchen die Grundschule?
b) Berechne das Durchschnittsalter an der Grundschule.
c) Berechne die relativen Häufigkeiten der einzelnen Altersgruppen und stelle das Ergebnis in einem Säulendiagramm dar. Runde auf ganze Prozentsätze. (Diagrammhöhe: 1 cm ≙ 5 %)

165 Im Säulendiagramm ist das Ergebnis einer Befragung nach dem Alter der Schülerinnen und Schüler einer Hauptschule grafisch dargestellt.

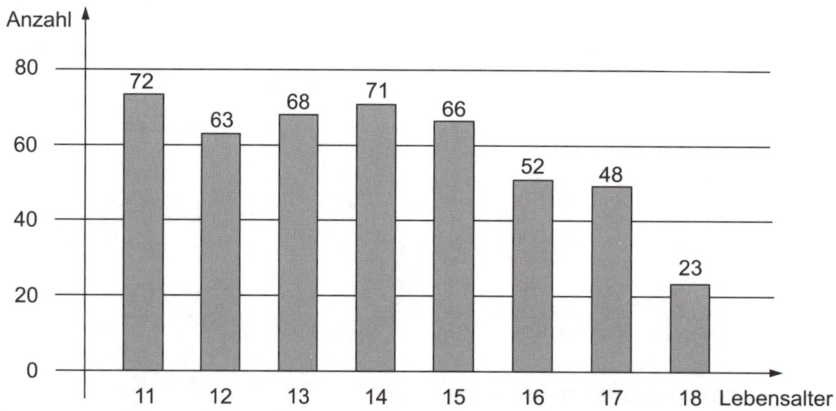

a) Wie viele Schülerinnen und Schüler besuchen die Hauptschule?
b) Berechne das Durchschnittsalter an der Hauptschule.
c) Berechne die relativen Häufigkeiten der einzelnen Altersgruppen und stelle das Ergebnis in einem Kreisdiagramm dar. Runde auf ganze Prozentsätze.

166 So kommen die Schülerinnen und Schüler einer Hauptschule zur Schule:

Verkehrsmittel	Anzahl
zu Fuß	𝍸 𝍸
Fahrrad	𝍸 𝍸 𝍸 𝍸 𝍸 𝍸 𝍸 𝍸 𝍸 𝍸 𝍸 𝍸 𝍸 𝍸 𝍸 𝍷𝍷𝍷
Bus/U-Bahn/S-Bahn	𝍸 𝍷𝍷
Mofa/Roller	𝍸 𝍸 𝍸 𝍸 𝍸 𝍸 𝍸 𝍸 𝍸 𝍸 𝍸 𝍸 𝍸 𝍸 𝍸
Pkw	𝍸 𝍸 𝍸 𝍸

a) Trage die absoluten und die relativen Häufigkeiten in eine Häufigkeitstabelle ein.
b) Erstelle mithilfe der relativen Häufigkeiten ein Säulendiagramm. Wähle geeignete Einheiten.

167 Timo bekommt 60 € Taschengeld im Monat. Seine Ausgaben notiert er sich in einem Tabellenkalkulationsprogramm.

	A	B	C	D
1		**Ausgaben im Monat September**		
2				
3	**Artikel**	**Anzahl**	**Preis pro Artikel**	**Gesamtpreis**
4	CD	2	7,99 €	15,48 €
5	Prepaidkarte	1	10,00 €	10,00 €
6	T-Shirt	3	5,99 €	
7	Chips	5	0,79 €	3,95 €
8	Nussriegel	4	0,49 €	
9	Getränke	11	0,39 €	4,29 €
10				
11				
12				

a) Wie lauten die Formeln für die Zellen D6 und D8?
b) Berechne die Werte dieser Zellen.
c) In Zelle D11 steht folgende Formel: = D4 + D5 + D6 + D7 + D8 + D9
Welcher Wert steht in Zelle D11 und was gibt dieser Wert an?
d) Erstelle ein Kreisdiagramm, das die Aufteilung der Ausgaben von Timo im September zeigt.

168 Im Anschluss an die Bundesjugendspiele berechnen einige Jungen der Klasse 9 c ihre sportlichen Leistungen im Vierkampf in einem Tabellenkalkulationsprogramm.

	A	B	C	D	E	F
1	**Schüler**	**Punkte 100 m-Lauf**	**Punkte Weitsprung**	**Punkte Kugelstoß**	**Punkte 1000 m-Lauf**	**Gesamtpunktzahl**
2	Peter	231	308	384		1360
3	Malik	303	332	379	161	1175
4	Simon		446	335	340	1525
5	Franco	411	438		301	1392
6	Mike	315	313	242	291	
7						
8						

a) Berechne den fehlenden Wert aus Zelle F6 und gib die dazugehörige Formel an.
b) Berechne die fehlenden Werte von Peter, Simon und Franco.
c) Welcher Schüler sprang am weitesten?
d) Mit welcher Formel kann die durchschnittliche Gesamtpunktzahl aller Jungen berechnet werden?
Kreuze die richtige Formel an und berechne.

☐ = (F2 + F3 + F4 + F5 + F6) : 4 ☐ = (F2 + F3 + F4 + F5 + F6) : 5

☐ = (B2 + C2 + D2 + E2) : 4 ☐ = (F2 + F3 + F4 + F5 + F6) · 5

e) Stelle jeweils die Punkte der Jungen im 100 m-Lauf und im 1 000 m-Lauf in einem gemeinsamen Säulendiagramm dar. Wähle geeignete Einheiten.

Merke

Faule Grafiken

Bei der **Auswertung von Grafiken** musst du gut aufpassen. Viele Grafiken vermitteln ein **verzerrtes Bild** der Wirklichkeit. Prüfe deshalb genau, ob die Grafik wirklich das aussagt, was sie aussagen soll. Folgende Fragen helfen dir bei der richtigen Interpretation einer grafischen Darstellung:

- Was zeigt die **Rechtsachse**, was zeigt die **Hochachse**?
- Beginnen die Achsen **bei null**? Sind sie **gleichmäßig eingeteilt**?
- Passt die **Größe der gewählten Symbole** wirklich zur Größe der dargestellten Werte?

Beispiel

Zwei Diagramme zeigen die Umsätze eines Supermarkts.
Worin unterscheiden sich die Diagramme ganz wesentlich?
Was bewirken diese Unterschiede?

Diagramm 1

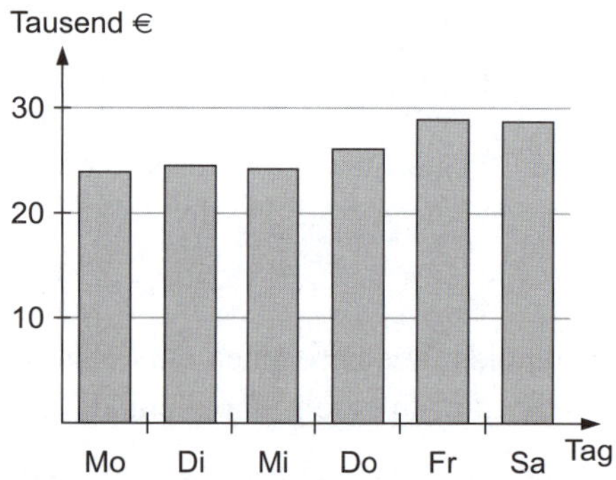

Diagramm 2

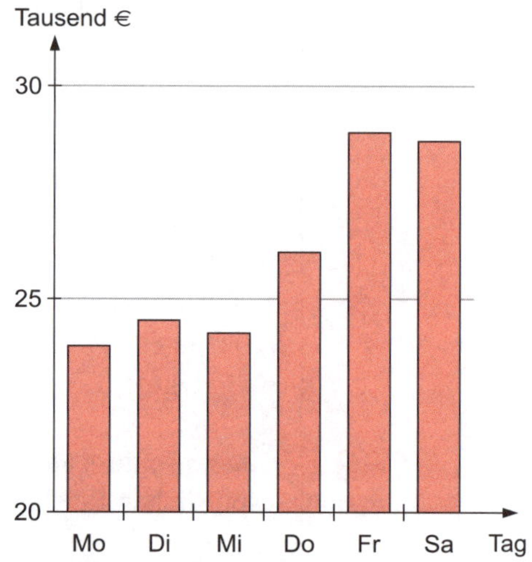

Lösung:
In Diagramm 1 beginnt die y-Achse bei 0 €, je 10 000 € wird die Säule 1 cm höher. Die Unterschiede zwischen den Werten von Montag bis Mittwoch sind kaum ersichtlich. Betont wird, dass sich der Umsatz von Montag bis Freitag zwischen 24 000 € und 29 000 € bewegt.
In Diagramm 2 beginnt die y-Achse bei 20 000 €, der Unterschied zwischen 20 000 € und 30 000 € beträgt 5 cm. Der Unterschied zwischen den Tagesumsätzen tritt hier deutlich hervor.

Aufgaben

169 *„Unsere Tarife sind in den letzten zwei Jahren um die Hälfte gefallen."*

Darf die Firma mit diesem Slogan werben? Begründe deine Meinung.

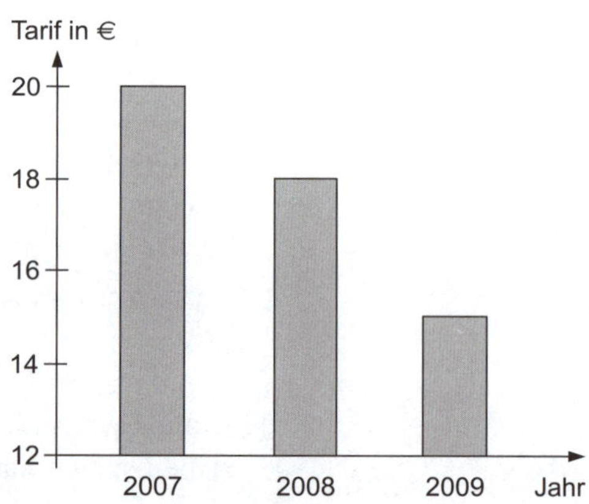

170 Christian und Christiane machen bei einem 5-km-Lauf im Harz mit. In der Schule zeigen sie stolz das Höhenprofil ihres Laufes. Die Klassenkameradinnen und -kameraden staunen nicht schlecht. Warum?

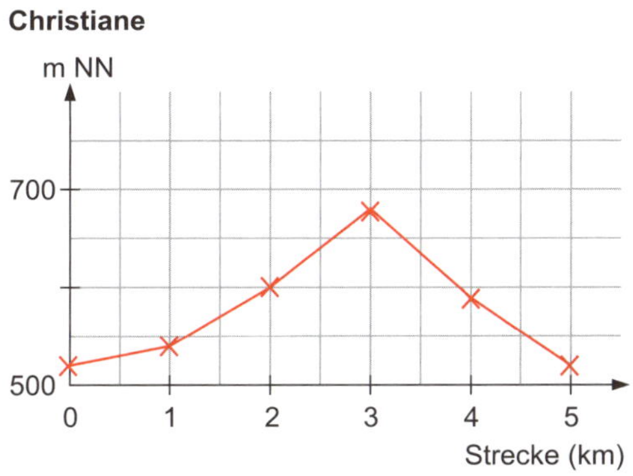

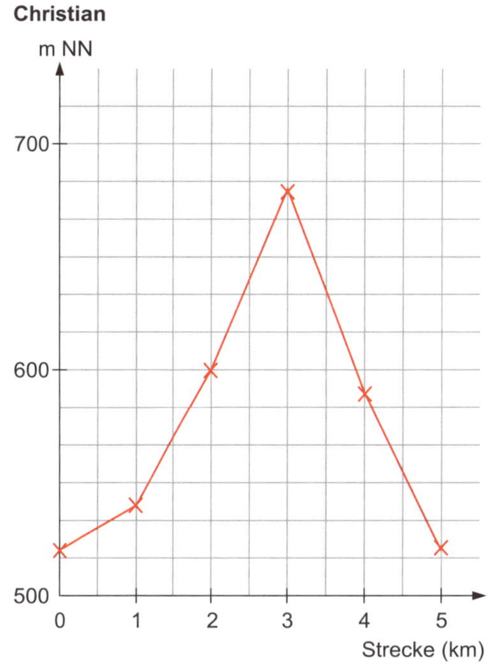

171 Vergleiche die beiden Charts der Aktie eines Sportartikelherstellers.
a) Wo liegen die Gemeinsamkeiten und Unterschiede?
b) Würdest du einem guten Freund raten, die Aktie zu kaufen? Begründe deine Meinung.

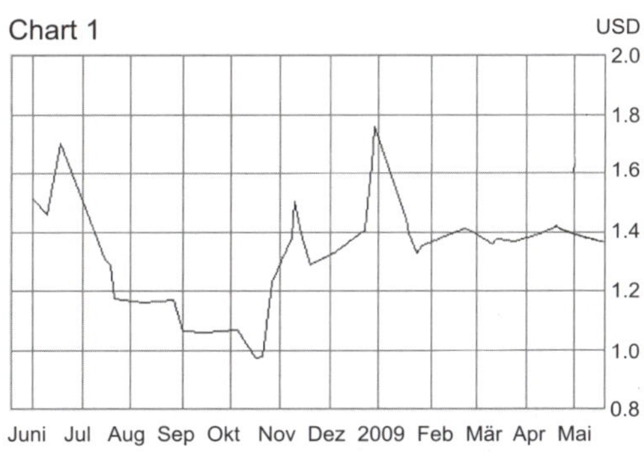

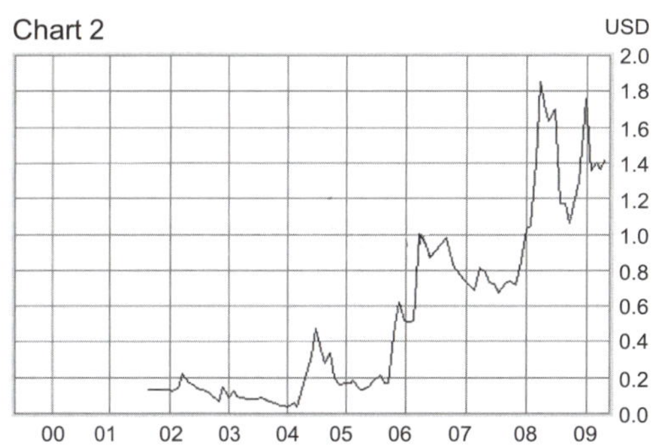

172 Ein privates Geldinstitut plant eine Sonderaktion für ihre Sparer. Der Marketingleitung liegen für die Werbeaktion zwei Entwürfe vor.

Entwurf 1

Entwurf 2

Für welchen Entwurf wird sich das Marketing wahrscheinlich entscheiden und warum?

173 Die Klasse 10 b lässt sich verschiedene Angebote für die Abschlussfahrt erstellen.

a) Raul meint: „Das Angebot der Firma B ist nur halb so teuer wie das der Firma D.“ Maria meint: „Das Angebot der Firma A ist halb so teuer wie das der Firma D.“ Überlege wie die beiden zu ihrer Aussage kommen. Wer hat recht?

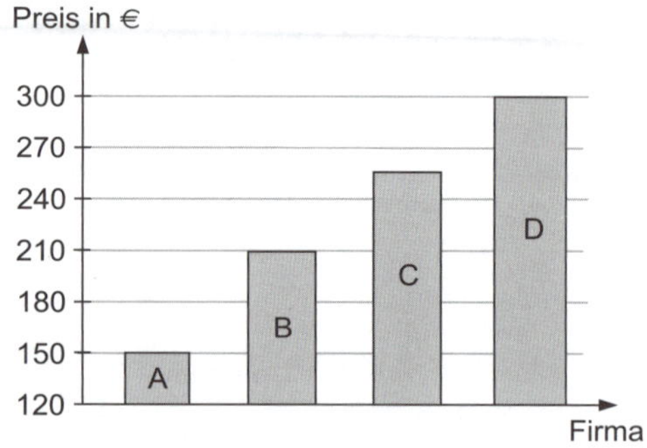

b) Berechne jeweils den Zentralwert und den Mittelwert der Reisepreise. Lies die nötigen Informationen dazu aus dem Diagramm ab.

c) Die Klasse entscheidet sich für das Angebot der Firma C. Folgende Leistungen sind in diesem Angebot enthalten: Fahrt: 65 €, Verpflegung: 60 €, Unterkunft: 110 €, Eintritt in zwei Museen: 20 €. Bestimme jeweils den prozentualen Anteil am Gesamtpreis und stelle diesen in einem Kreisdiagramm dar.

174 Im Freizeitpark Holli können für die verschiedenen Fahrgeschäfte entweder Tageskarten oder Einzelfahrkarten gekauft werden.

Kinder		Erwachsene		Gruppentageskarten	
Tageskarte:	12,00 €	Tageskarte:	16,00 €	10 Personen:	100 €
Einzelfahrt:	2,10 €	Einzelfahrt:	2,50 €	5 Personen:	55 €

a) Familie Birk kauft drei Kindertageskarten und zwei Tageskarten für Erwachsene. Berechne den Gesamtpreis. Hätte es für Familie Birk eine günstigere Alternative gegeben?

b) Während ihrer Klassenfahrt besucht die Klasse 6 a mit 23 Kindern und zwei Lehrern den Freizeitpark. Berechne den günstigsten und den teuersten Eintrittspreis, wenn jede Person zehnmal mit einem Fahrgeschäft fährt.

c) Die beiden Diagramme zeigen die Entwicklung der Preise für die Einzelfahrkarten in den letzten drei Jahren. Trotz höherer Fahrpreise sind die Säulen im zweiten Diagramm kürzer. Können die Fahrpreise so dargestellt werden? Begründe.

I

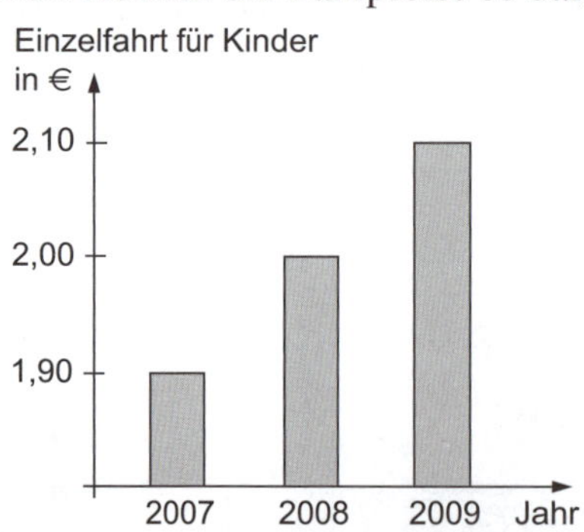

II

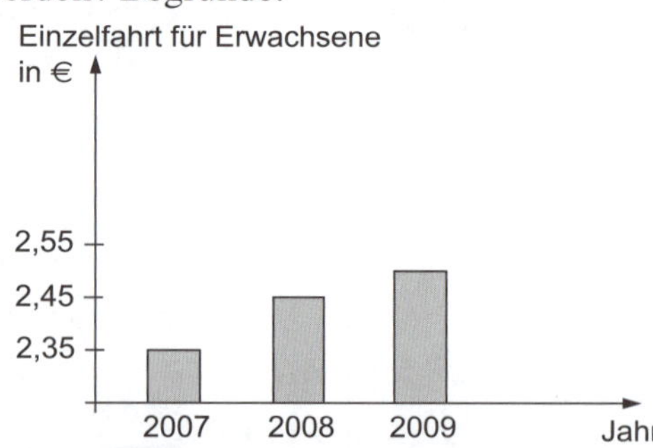

d) Um wie viel Prozent stieg der Preis für die Kinderfahrkarte jeweils pro Jahr?

e) Im Jahr 2010 steigt der Preis für eine Einzelfahrkarte für Erwachsene um 10 %. Ergänze die fehlende Säule im Diagramm.

Wahrscheinlichkeitsrechnung

Merke

Zufallsversuch und Wahrscheinlichkeit

- Man spricht von einem **Zufallsversuch**, wenn sich das Ergebnis eines solchen Versuchs auch nach einer Vielzahl von Wiederholungen nicht vorhersagen lässt.
- Man kann mehrere Ergebnisse eines Zufallsversuchs zu einem **Ereignis** zusammenfassen.
- Wenn alle Ergebnisse eines Zufallsversuchs gleich wahrscheinlich sind, kann man die **Wahrscheinlichkeit** eines Ereignisses berechnen:

$$\text{Wahrscheinlichkeit} = \frac{\text{Anzahl der günstigen Ergebnisse}}{\text{Anzahl aller möglichen Ergebnisse}}$$

Beispiele

1. **Münze**

Beim Münzwurf sind **Zahl** und **Wappen** gleich wahrscheinlich.

Würfel

Beim Spielen mit dem Würfel sind die Augenzahlen **1**, **2**, **3**, **4**, **5** und **6** gleich wahrscheinlich.

Urne

Beim Ziehen der Lottozahlen sind die Kugeln von **1 bis 49** gleich wahrscheinlich.

Glücksrad

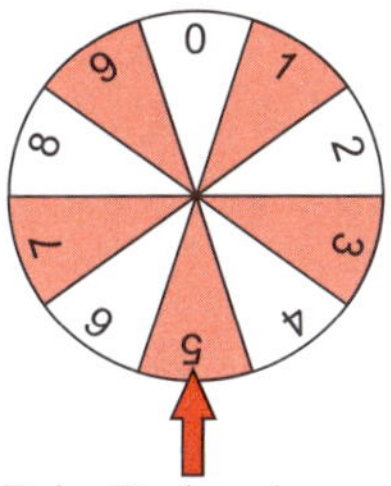

Beim Drehen des Glücksrads sind die Zahlen von **0 bis 9** gleich wahrscheinlich.

2. Julia spielt mit einem Würfel.
Wie groß ist die Wahrscheinlichkeit dafür, dass sie eine ungerade Augenzahl würfelt?
Lösung:
Anzahl der günstigen Ergebnisse: 3 (1; 3; 5)
Anzahl aller möglichen Ergebnisse: 6 (1; 2; 3; 4; 5; 6)

$$\text{Wahrscheinlichkeit} = \frac{\text{Anzahl der günstigen Ergebnisse}}{\text{Anzahl aller möglichen Ergebnisse}} = \frac{3}{6} = \frac{1}{2} = 0{,}5 = 50\,\%$$

Die Wahrscheinlichkeit für das Ereignis „ungerade Zahl" beträgt $\frac{1}{2} = 0{,}5 = 50\,\%$.

3. In einem Behälter (in den man nicht hineinsehen kann) befinden sich sieben schwarze und drei weiße Kugeln.
Wie groß ist die Wahrscheinlichkeit dafür, eine weiße Kugel zu ziehen?

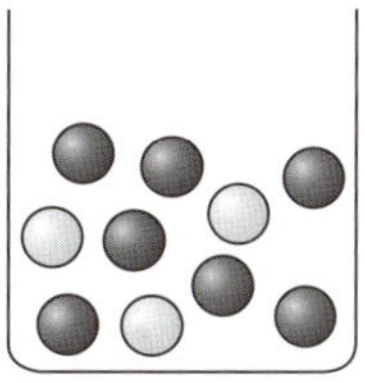

Lösung:
Anzahl der günstigen Ergebnisse: 3 (weiße Kugeln)
Anzahl aller möglichen Ergebnisse: 10 (alle Kugeln)

$$\text{Wahrscheinlichkeit} = \frac{\text{Anzahl der günstigen Ergebnisse}}{\text{Anzahl aller möglichen Ergebnisse}} = \frac{3}{10} = 0{,}3 = 30\,\%$$

Die Wahrscheinlichkeit für das Ereignis „weiße Kugel" beträgt $\frac{3}{10} = 0{,}3 = 30\,\%$.

Aufgaben

175 Nina spielt mit einem Würfel.
Wie groß ist die Wahrscheinlichkeit für folgende Ereignisse?
a) Die Augenzahl ist gerade.
b) Die Augenzahl ist größer als 3.
c) Nina würfelt eine Primzahl.

176 Peter und Tanja spielen mit einem Würfel. Sie vereinbaren folgende Regeln:
- Tanja erhält einen Punkt, wenn die Augenzahl kleiner als 3 ist.
- Peter erhält einen Punkt, wenn die Augenzahl größer als 3 ist.
- Gewonnen hat, wer zuerst zehn Punkte erreicht.

Wer hat die besseren Gewinnchancen?
Begründe deine Antwort.

177 Auf einem Glücksrad sind die Zahlen 1 bis 24.
- Dennis gewinnt, wenn eine durch 3 teilbare Zahl erscheint, die größer als 3 ist.
- Julia gewinnt, wenn das Glücksrad eine Primzahl anzeigt.

a) Bei welchen Zahlen gewinnt Dennis?
b) Bei welchen Zahlen gewinnt Julia?
c) Wie groß ist die Wahrscheinlichkeit dafür, dass beim Drehen des Glücksrades keiner von beiden gewinnt?

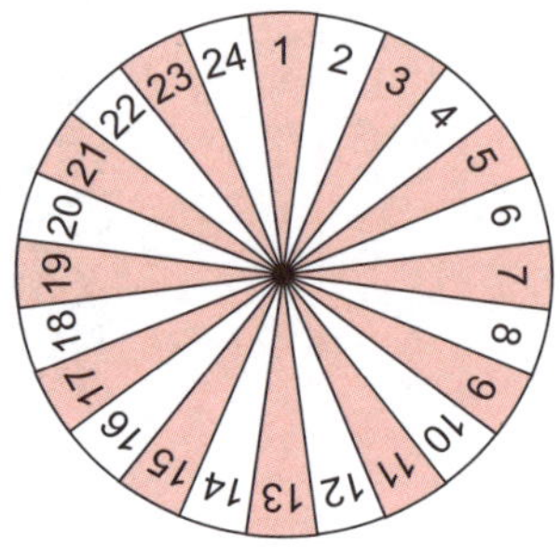

178 In einem Behälter (in den man nicht hineinsehen kann) liegen weiße und schwarze Kugeln. Zusammen sind es 48 Kugeln. Die Wahrscheinlichkeit, eine weiße Kugel zu ziehen, beträgt $\frac{2}{3}$.
Wie viele weiße und wie viele schwarze Kugeln befinden sich in dem Behälter?

179 In einem Behälter befinden sich schwarze und weiße Kugeln. Stelle dir vor, du sollst eine Kugel aus dem Behälter ziehen – ohne dabei in den Behälter hineinzusehen.
a) Wie groß ist die Wahrscheinlichkeit dafür, eine schwarze Kugel zu ziehen?
b) Wie groß ist die Wahrscheinlichkeit dafür, eine weiße Kugel zu ziehen?
Gib das Ergebnis jeweils als gekürzten Bruch, als Dezimalzahl und in Prozent an.

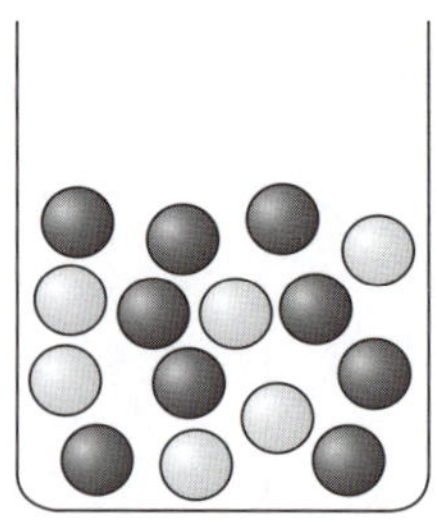

180 Cem verteilt an seinem Geburtstag Bonbons in der Klasse. In der Tüte befinden sich zwölf rote, acht blaue und vier gelbe Bonbons. Sanja darf als Erste in die Tüte greifen.
a) Wie groß ist die Wahrscheinlichkeit, dass sie kein blaues Bonbon bekommt, wenn sie beim Ziehen nicht in die Tüte schaut?
b) Sanja hat ein gelbes Bonbon gezogen.
Wie groß ist die Wahrscheinlichkeit, dass der Schüler, der als Nächstes in die Tüte greift, ebenfalls ein gelbes Bonbon bekommt?

7 Flächen- und Umfangsberechnung

Dreiecke

Merke

Allgemeines Dreieck

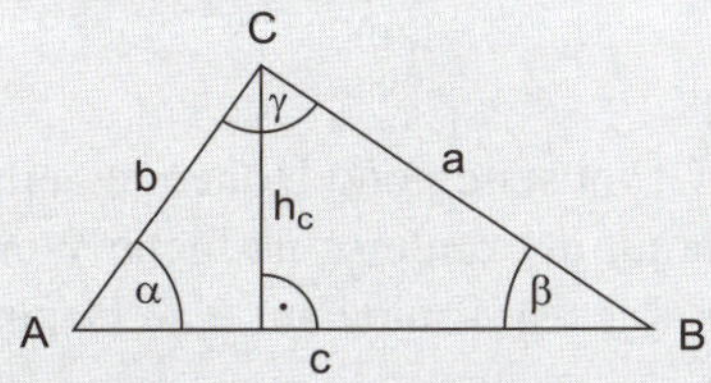

Umfang:

$u = a + b + c$

Flächeninhalt:

$$A = \frac{g \cdot h_g}{2}$$

$$A = \frac{a \cdot h_a}{2} = \frac{b \cdot h_b}{2} = \frac{c \cdot h_c}{2}$$

Gleichschenkliges Dreieck

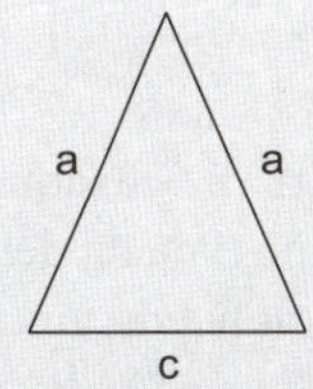

Gleichseitiges Dreieck

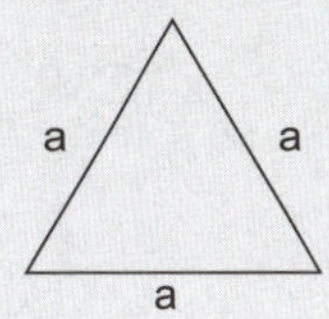

Beispiele

1. Die Grundseite eines Dreiecks ist 4,5 cm lang. Die Höhe beträgt 5 cm.
   Berechne den Flächeninhalt des Dreiecks.
   Lösung:
   $$A = \frac{4{,}5\text{ cm} \cdot 5\text{ cm}}{2} \qquad A = \frac{g \cdot h_g}{2}$$
   $$A = 11{,}25\text{ cm}^2$$

2. Ein Dreieck hat einen Flächeninhalt von 50 cm². Seine Grundseite ist 12,5 cm lang.
   Berechne die Höhe des Dreiecks.
   Lösung:
   $$50\text{ cm}^2 = \frac{12{,}5\text{ cm} \cdot h}{2} \quad |\cdot 2 \qquad A = \frac{g \cdot h_g}{2}$$
   $$100\text{ cm}^2 = 12{,}5\text{ cm} \cdot h \quad |:12{,}5\text{ cm}$$
   $$8\text{ cm} = h$$

Aufgaben

181

Schraffiere und berechne den Flächeninhalt der Dreiecke. Miss dazu die benötigten Seiten und markiere jeweils die Höhe und die Grundseite farbig.

a)

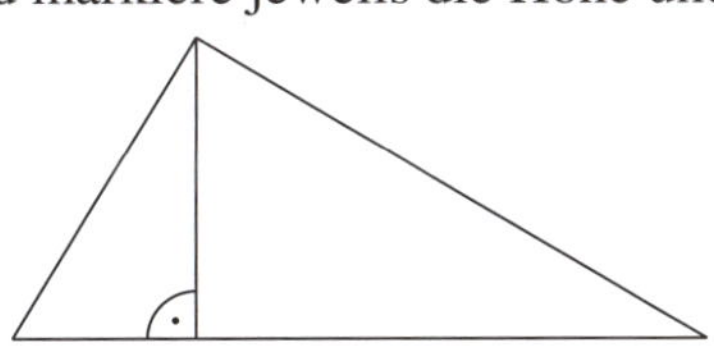

b)

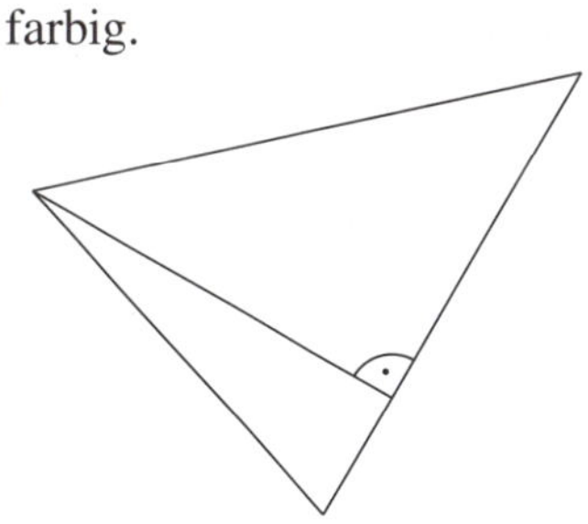

182 Berechne die fehlenden Werte der Dreiecke.

	Grundseite g	Höhe h	Fläche A
a)	7 cm	4 cm	
b)	3,9 m	2 m	
c)	19 cm		114 cm^2
d)		8 dm	104 dm^2
e)	10,5 cm		73,5 cm^2
f)		9 cm	100,8 cm^2

183 Markiere die zusammengehörigen Grundseiten und Höhen jeweils in der gleichen Farbe. Berechne danach den Flächeninhalt auf drei unterschiedliche Weisen. Die benötigten Maße kannst du aus der Zeichnung ablesen. Runde auf eine Dezimalstelle, falls nötig.

a)

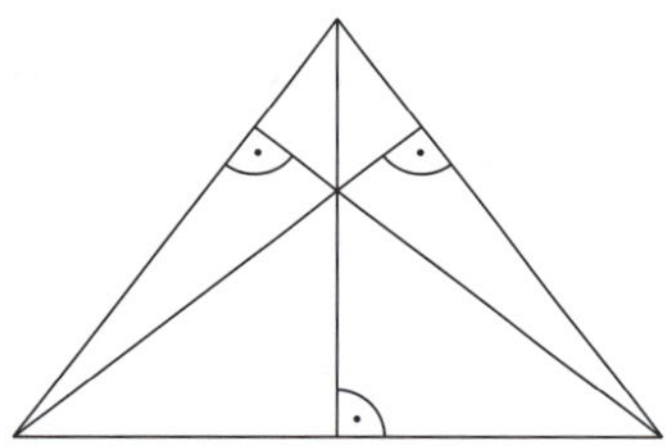

b)

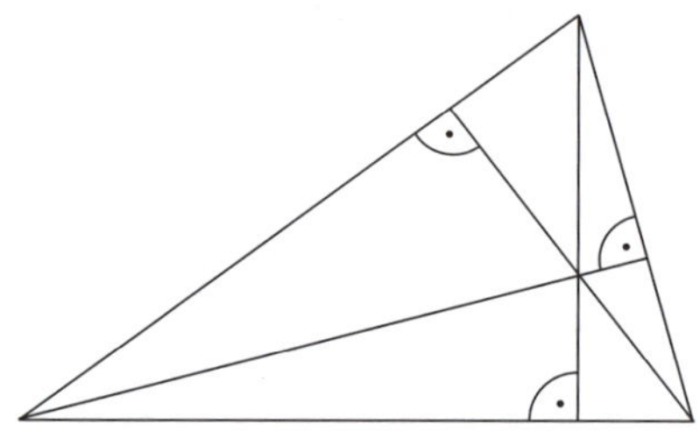

Merke

Rechtwinkliges Dreieck

Die beiden Seiten a und b, die den rechten Winkel einschließen, nennt man **Katheten**. Die Seite, die dem rechten Winkel gegenüberliegt, heißt **Hypotenuse**.

Flächeninhalt: $A = \frac{a \cdot b}{2}$

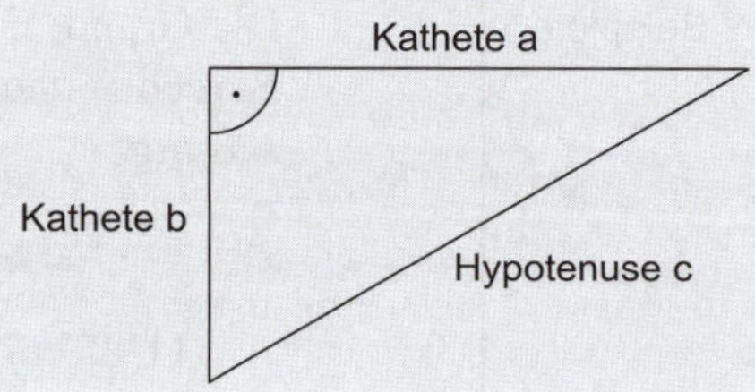

Beispiel

Berechne den Flächeninhalt eines rechtwinkligen Dreiecks mit den Katheten a = 6 cm und b = 8 cm.

Lösung:

$A = \frac{6\text{ cm} \cdot 8\text{ cm}}{2}$

$A = \frac{a \cdot b}{2}$

$A = 24\text{ cm}^2$

Aufgaben

184 Berechne die fehlenden Werte der rechtwinkligen Dreiecke.

	Kathete a	Kathete b	Flächeninhalt A
a)	24 cm	36 cm	
b)	7,6 dm	1,4 dm	
c)	4,8 m		18,72 m^2
d)		5,4 m	4,32 m^2

185

Familie Kreuz legt in ihrem Garten neue Beete an. Im Beet 1 werden Salate gesetzt, im Beet 2 wachsen Tulpen und im Beet 3 werden Erdbeeren gepflanzt.

a) Berechne den Flächeninhalt des Salatbeets.
b) Welche Höhe muss Beet 3 haben, damit es einen Flächeninhalt von 26,8 m^2 hat?
c) Gib zwei verschiedene Möglichkeiten für Höhe und Grundseite des zweiten Beetes an, damit den Tulpen eine Fläche von 24 m^2 zur Verfügung steht.

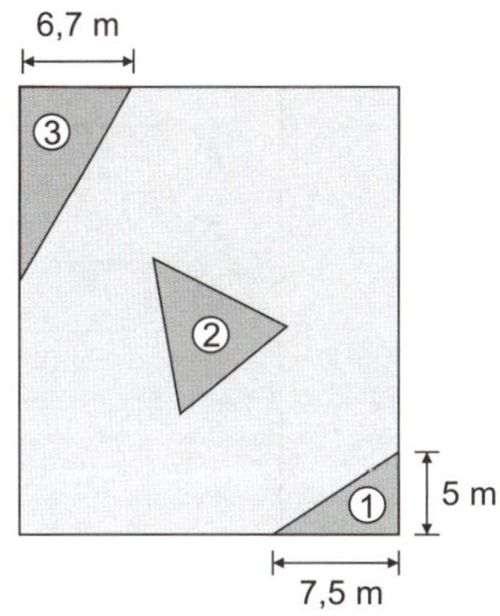

Merke

Lehrsatz des Pythagoras

In jedem **rechtwinkligen Dreieck** gilt:
Die Quadrate über den Katheten sind zusammen flächengleich zu dem Quadrat über der Hypotenuse.

$\mathbf{a^2 + b^2 = c^2}$

Dabei sind a und b die Katheten, c ist die Hypotenuse.

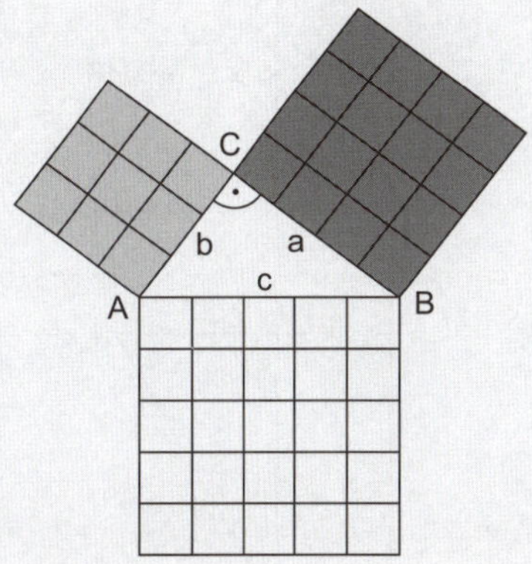

Beispiele

Berechne jeweils die dritte Seite im rechtwinkligen Dreieck.

1. Kathete a = 8 cm; Kathete b = 6 cm

Lösung:

$$(8\text{ cm})^2 + (6\text{ cm})^2 = c^2 \qquad a^2 + b^2 = c^2$$
$$64\text{ cm}^2 + 36\text{ cm}^2 = c^2$$
$$100\text{ cm}^2 = c^2 \qquad |\sqrt{}$$
$$\sqrt{100\text{ cm}^2} = c$$
$$10\text{ cm} = c$$

2. Kathete a = 5 cm; Hypotenuse c = 13 cm

Lösung:

$$(5\text{ cm})^2 + b^2 = (13\text{ cm})^2 \qquad a^2 + b^2 = c^2$$
$$25\text{ cm}^2 + b^2 = 169\text{ cm}^2 \qquad |-25\text{ cm}^2$$
$$b^2 = 144\text{ cm}^2 \qquad |\sqrt{}$$
$$b = \sqrt{144\text{ cm}^2}$$
$$b = 12\text{ cm}$$

Aufgaben

186

Berechne im rechtwinkligen Dreieck jeweils die Länge der Hypotenuse, wenn…

a) die Katheten 10 cm und 14 cm lang sind.
b) die zwei Katheten eine Länge von jeweils 5 cm haben.
c) eine Kathete 4 cm lang ist und die andere Kathete doppelt so lang ist.
d) die Summe der Quadrate der beiden Kathetenlängen 144 cm^2 beträgt.

187 Ergänze die fehlenden Werte.

	Kathete a	Kathete b	Hypotenuse c
a)	33 cm	56 cm	
b)	63 dm		65 dm
c)	6,5 cm		9,7 cm
d)		80 dm	89 dm
e)		11,2 m	11,3 m
f)	55 cm	48 cm	

188 Berechne Umfang und Flächeninhalt der rechtwinkligen Dreiecke.

a)
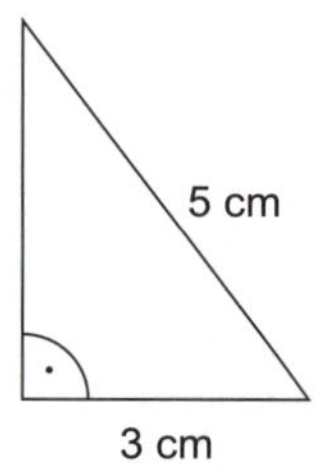

b)
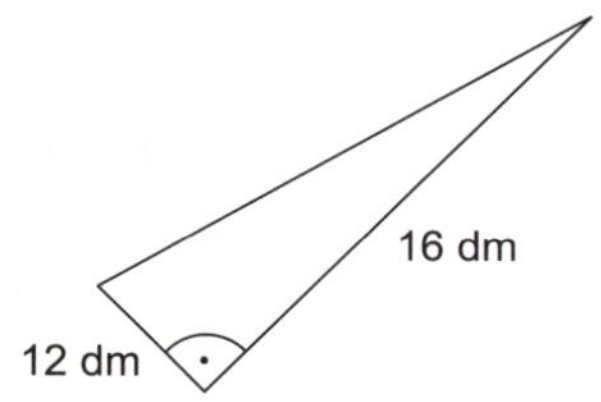

c)
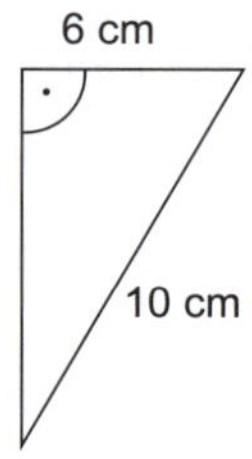

d)
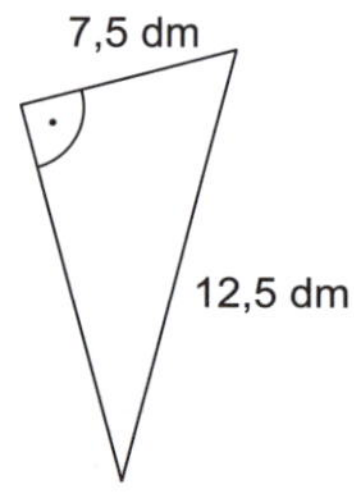

189 Im Fußballtraining sprinten die Spieler vom 1. FC Köln jeweils diagonal durch den 5-m-Raum, durch den 16-m-Raum, durch das halbe und durch das gesamte Spielfeld. Berechne die gesprintete Gesamtstrecke und runde alle Ergebnisse auf eine Dezimalstelle.

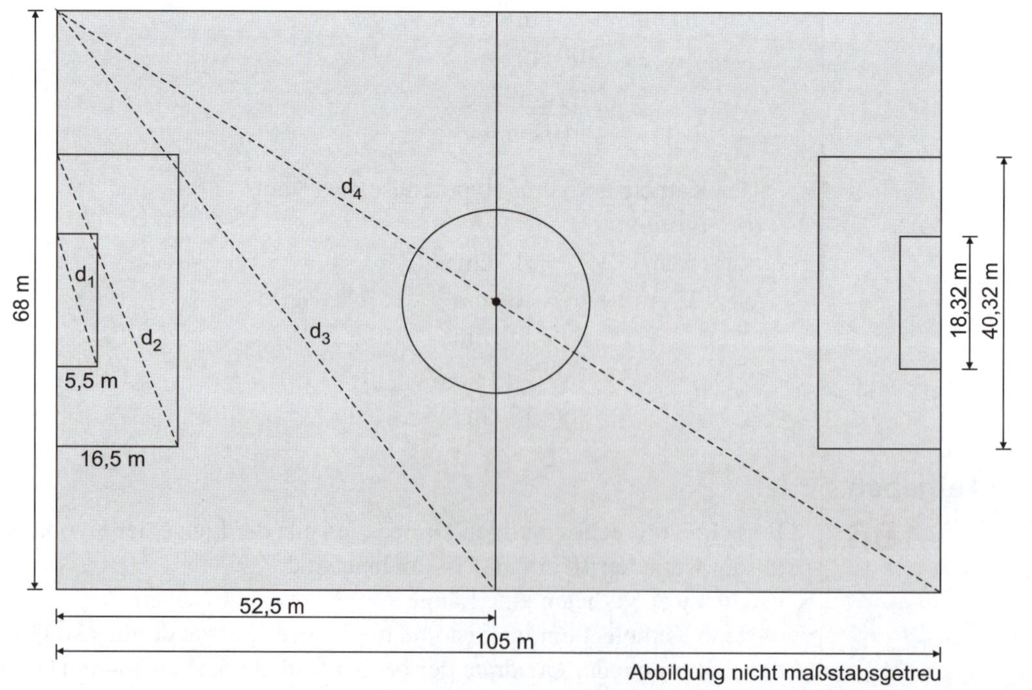

Abbildung nicht maßstabsgetreu

190 Berechne die fehlenden Strecken (alle Maße in cm).
Runde die Ergebnisse auf eine Dezimalstelle.

a)

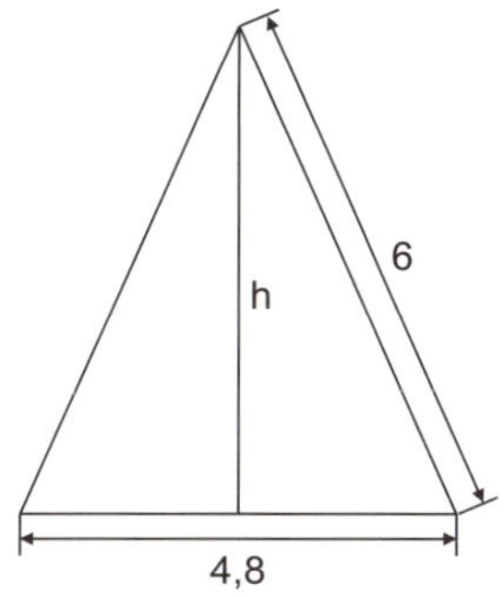

b)

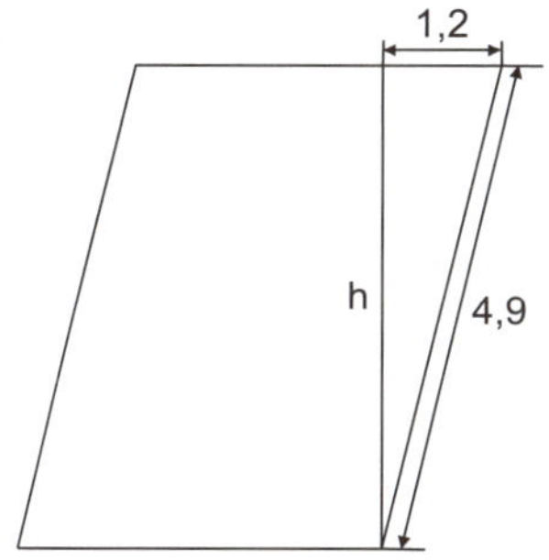

c)

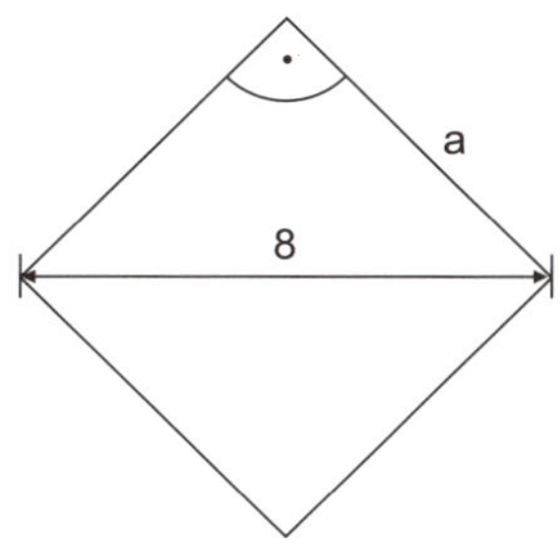

d)

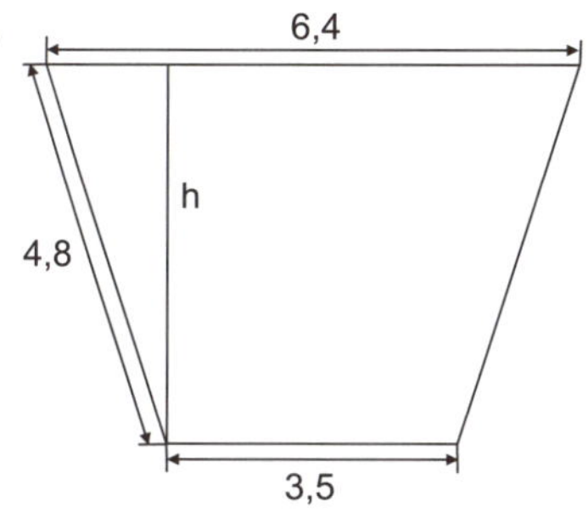

e)

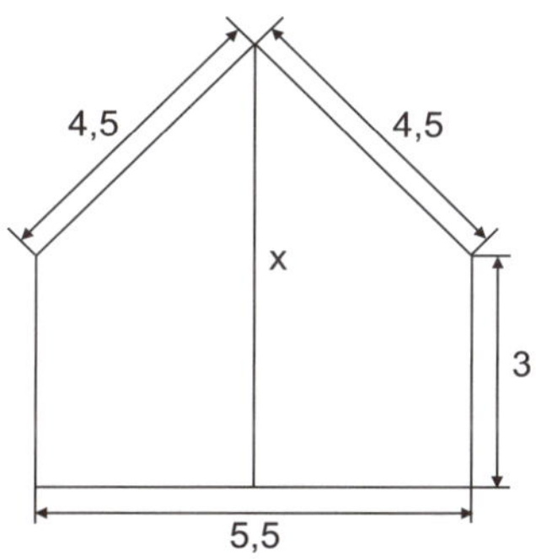

f)

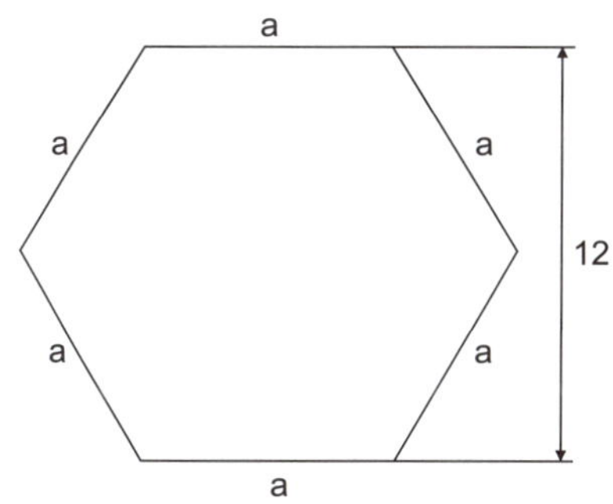

191 Der Flachbildschirm Alpha ist 64 cm lang und 38 cm hoch. Die Maße für Typ Beta betragen 38 cm × 22 cm.
Berechne für beide Bildschirme die Länge der Diagonalen und runde auf zwei Dezimalstellen.

192 Familie Francy muss in ihrem Haus einige Türen und Fenster austauschen. Die Arbeiter müssen dafür zunächst jeweils ein Spannbrett diagonal einbauen.
Wie lang müssen die Spannbretter für das Haus der Familie Francy jeweils sein?

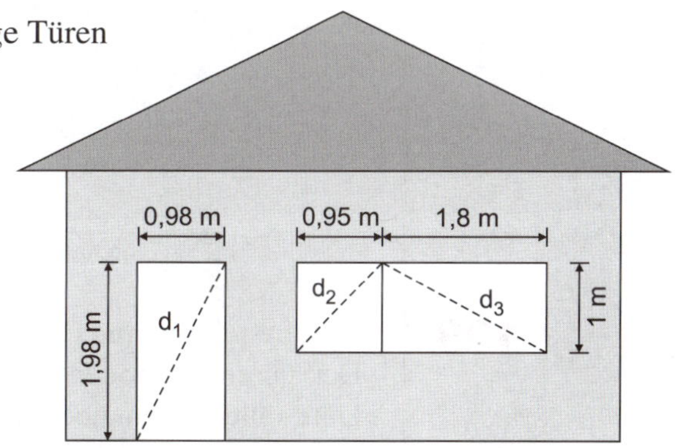

193 Elke überlegt vor ihrem Umzug, ob sie ihren großen quadratischen Spiegel durch die Badezimmertür bekommt.
Ihre Messungen ergeben, dass der Spiegel eine genaue Kantenlänge von 2,20 m hat. Der Türausschnitt ist 2,10 m hoch und 0,8 m breit. Kannst du ihr helfen?

194 Prüfe, ob folgende Dreiecke rechtwinklig sind.

	Seitenlänge a	Seitenlänge b	Seitenlänge c
a)	4 cm	11 cm	13 cm
b)	18 m	24 m	30 m
c)	15 dm	20 dm	25 dm
d)	8 cm	15 cm	17 cm

195 Berechne jeweils zuerst die Flächendiagonale d_1, dann die Raumdiagonale d_2.
Runde jeweils auf eine Dezimalstelle.

a)
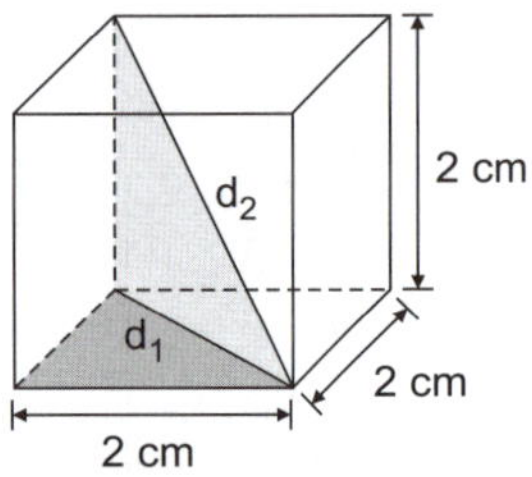

b)
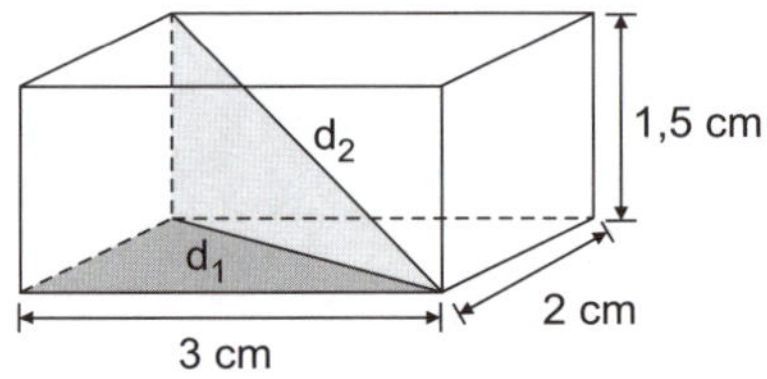

196 Die folgenden Pakete kannst du bei der Post kaufen:

Bezeichnung	Breite	Tiefe	Höhe
XL	50 cm	30 cm	20 cm
L	40 cm	25 cm	15 cm
M	35 cm	25 cm	12 cm
S	25 cm	17,5 cm	10 cm

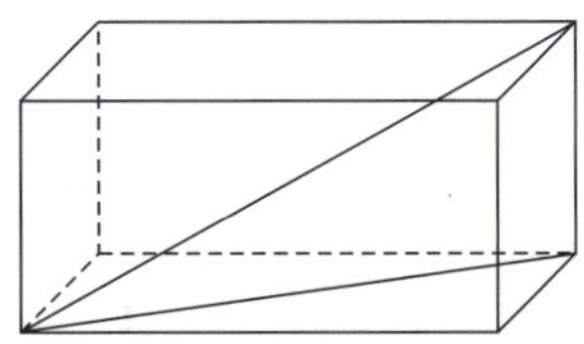

a) Welche Größe musst du kaufen, wenn du deinem Brieffreund eine Jonglierkeule mit der Länge von 49 cm möglichst preiswert zum Geburtstag schicken möchtest?
b) Welche Größe musst du kaufen, wenn du deiner Tante eine 35 cm lange Vase zu Weihnachten schicken möchtest?

197 Berechne die fehlenden Längen.
Runde jeweils auf eine Dezimalstelle.

a)
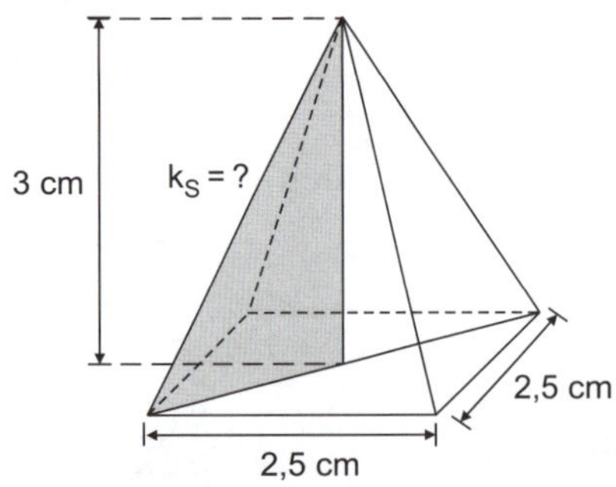

b)
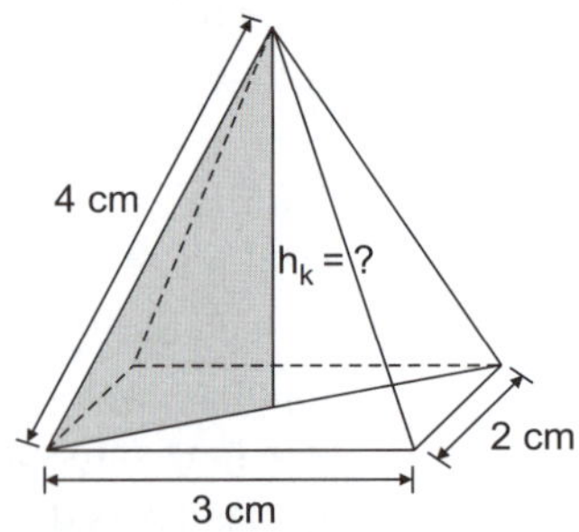

198 Lara bastelt für eine Faschingsparty Hüte in Kegelform.
Der Durchmesser der Grundfläche beträgt 20 cm und die Hüte sollen 25 cm hoch werden.
Wie lang muss dann Seite s sein?

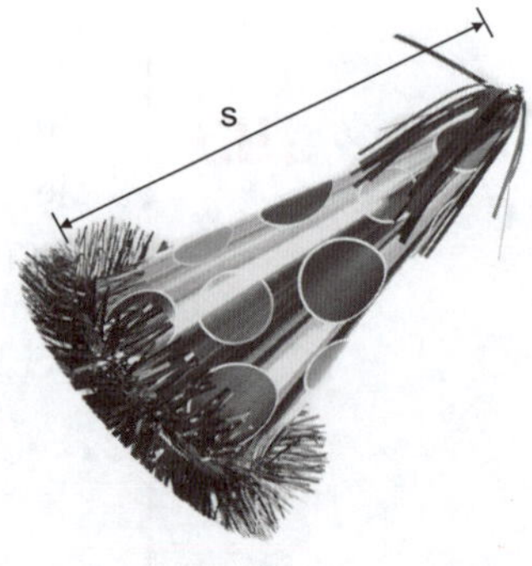

Vierecke

Merke

Quadrat

Umfang: $u = a + a + a + a$

$u = 4 \cdot a$

Flächeninhalt: $A = a \cdot a$

$A = a^2$

Flächendiagonale: $d = \sqrt{a^2 + a^2}$

$d = \sqrt{2a^2}$

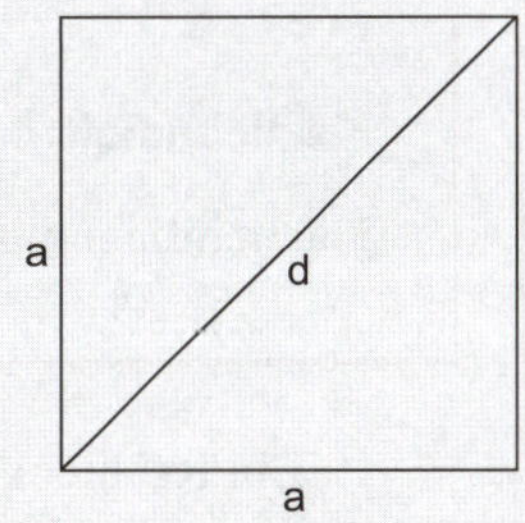

Beispiele

1. Die Länge einer Quadratseite beträgt 7,5 cm.
   Berechne den Flächeninhalt und den Umfang des Quadrats.
   Lösung:
   $A = 7{,}5\ \text{cm} \cdot 7{,}5\ \text{cm}$ — $A = a \cdot a$
   $A = 56{,}25\ \text{cm}^2$
   $u = 4 \cdot 7{,}5\ \text{cm}$ — $u = 4 \cdot a$
   $u = 30\ \text{cm}$

2. Ein Quadrat hat einen Flächeninhalt von $39{,}69\ \text{cm}^2$.
   Berechne seinen Umfang.
   Lösung:
   $39{,}69\ \text{cm}^2 = a^2$ — Berechne zuerst die Länge der Quadratseiten. $A = a^2$
   $a = \sqrt{39{,}69\ \text{cm}^2}$
   $a = 6{,}3\ \text{cm}$
   $u = 4 \cdot 6{,}3\ \text{cm}$ — Dann kannst du den Umfang berechnen. $u = 4 \cdot a$
   $u = 25{,}2\ \text{cm}$

Aufgaben

199 Berechne für die Quadrate die fehlenden Werte.
Runde, falls erforderlich, auf zwei Dezimalstellen.

	Seite a	Flächendiagonale d	Umfang u	Flächeninhalt A
a)	12 cm			
b)				$121\ \text{cm}^2$
c)			77 cm	
d)	7,2 m			

200 Ein quadratisches Grundstück mit einem Flächeninhalt von $665\ \text{m}^2$ soll eingezäunt werden. Die Garageneinfahrt ist 4,50 m breit, das Gartentor 1,30 m.
Wie viele Meter Gartenzaun müssen aufgestellt werden?

201 Ein Zimmer mit einer quadratischen Grundfläche ($u = 17$ m) soll mit Teppichboden ausgelegt werden. Ein Quadratmeter kostet 15,40 €, für einen Meter Randleiste fallen 8,90 € an. Die Zimmertür ist 1,30 m breit.
Berechne die Gesamtkosten.

Merke

Rechteck

Umfang: $u = a + b + a + b$

$u = 2 \cdot a + 2 \cdot b$

$u = 2 \cdot (a + b)$

Flächeninhalt: $A = a \cdot b$

Flächendiagonale: $d = \sqrt{a^2 + b^2}$

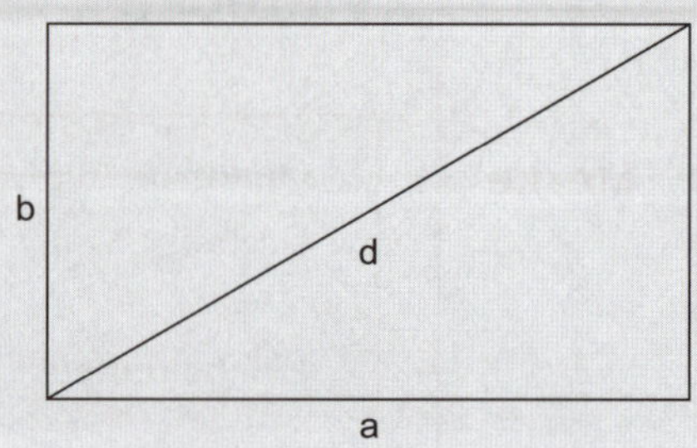

Beispiele

1. Ein Rechteck hat die Seiten $a = 4{,}5$ cm und $b = 7$ cm.
   Berechne den Flächeninhalt und den Umfang des Rechtecks.
   Lösung:
   $A = 4{,}5 \text{ cm} \cdot 7 \text{ cm}$ — $A = a \cdot b$
   $A = 31{,}5 \text{ cm}^2$
   $u = 2 \cdot (4{,}5 \text{ cm} + 7 \text{ cm})$ — $u = 2 \cdot (a + b)$
   $u = 2 \cdot 11{,}5 \text{ cm}$
   $u = 23 \text{ cm}$

2. Ein Rechteck hat einen Umfang von 48 cm. Die Seite a ist 15 cm lang.
   Berechne die Länge der Seite b.
   Lösung:
   $48 \text{ cm} = 2 \cdot 15 \text{ cm} + 2 \cdot b$ — $u = 2 \cdot a + 2 \cdot b$
   $48 \text{ cm} = 30 \text{ cm} + 2 \cdot b \quad | - 30 \text{ cm}$
   $18 \text{ cm} = 2 \cdot b \quad | : 2$
   $9 \text{ cm} = b$

Aufgaben

202 Berechne für die Rechtecke die fehlenden Werte.
Runde, falls erforderlich, auf zwei Dezimalstellen.

	Seite a	Seite b	Umfang u	Flächendiagonale d	Flächeninhalt A
a)	4,5 dm	3 dm			
b)		16 cm			64 cm²
c)		5,09 m	23,56 m		
d)	23 m				35,9 m²
e)	13 dm		40 dm		
f)		6,5 cm			80 cm²

203 Auf einem Firmengelände mit rechteckiger Grundfläche (siehe Skizze) soll Rasen ausgerollt werden.
Wie viele Quadratmeter Rasen werden benötigt, wenn auf der Fläche des Hauptgebäudes (rechteckige Grundfläche mit $u = 160$ m) und des Nebengebäudes (quadratische Grundfläche mit $a = 30$ m) kein Rasen verlegt wird?

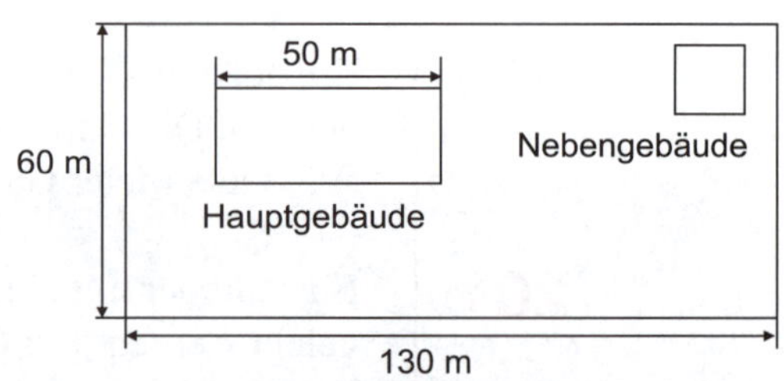

Skizze nicht maßstabsgetreu

Merke

Parallelogramm

Winkel: $\alpha = \gamma$

$\beta = \delta$

Flächeninhalt: $A = g \cdot h$

$A = a \cdot h_a = b \cdot h_b$

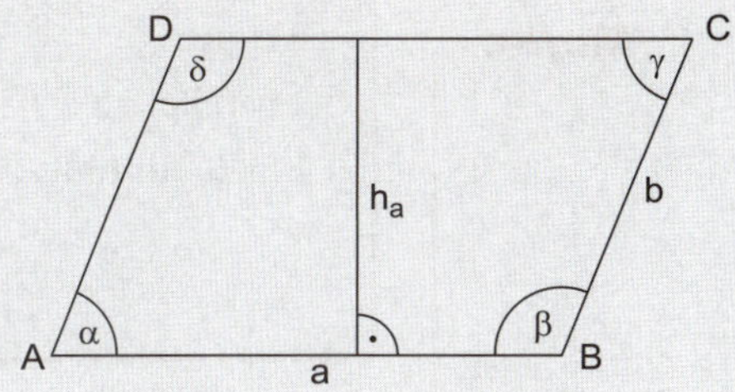

Beispiele

1. Gegeben ist ein Parallelogramm mit den Maßen $a = 5{,}5$ cm und $h_a = 3$ cm. Berechne seinen Flächeninhalt.
   Lösung:
   $A = 5{,}5 \text{ cm} \cdot 3 \text{ cm}$ $\quad A = a \cdot h_a$
   $A = 16{,}5 \text{ cm}^2$

2. Welche Höhe hat ein Parallelogramm mit dem Flächeninhalt $A = 116{,}85 \text{ cm}^2$ und der Grundseite $g = 12{,}3$ cm?
   Lösung:
   $116{,}85 \text{ cm}^2 = 12{,}3 \text{ cm} \cdot h \quad |: 12{,}3 \text{ cm}$ $\quad A = g \cdot h$
   $9{,}5 \text{ cm} = h$

Aufgaben

204 Berechne den jeweils fehlenden Wert für die Parallelogramme.
Runde, falls erforderlich, auf zwei Dezimalstellen.

	Grundseite g	Höhe h	Flächeninhalt A
a)	4,5 cm		246,4 cm^2
b)		66 dm	46,2 m^2
c)	45 cm	150 mm	
d)	3,7 m	0,8 m	
e)		3,4 km	17,5 km^2

205 Färbe Grundseite und Höhe der Figuren. Berechne den Flächeninhalt und schraffiere ihn.

a)

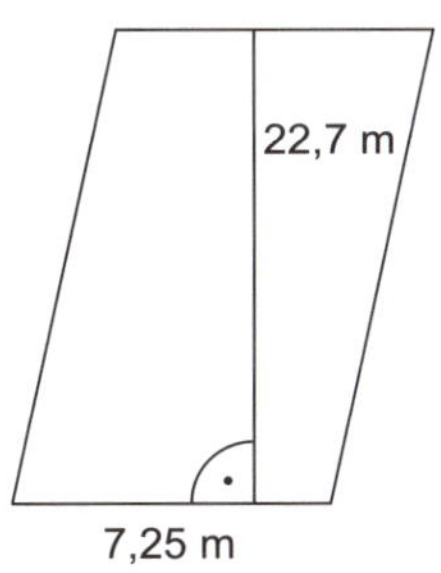

b)

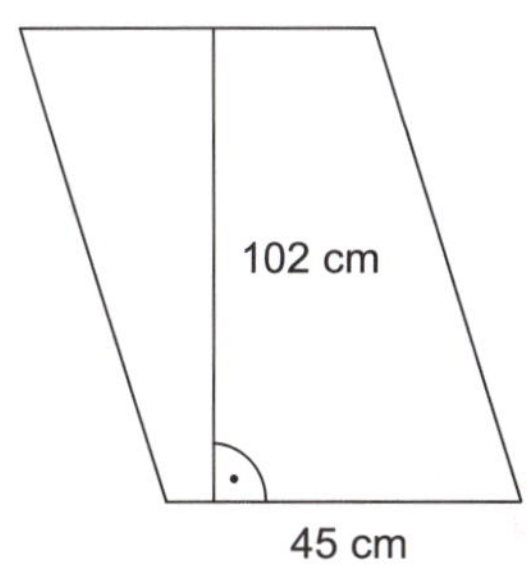

c)

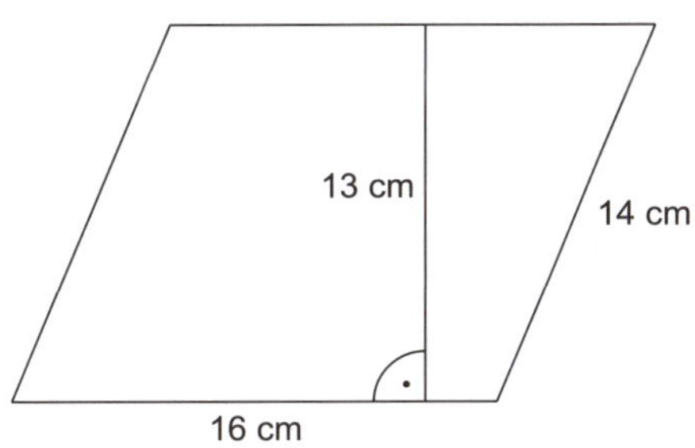

d)

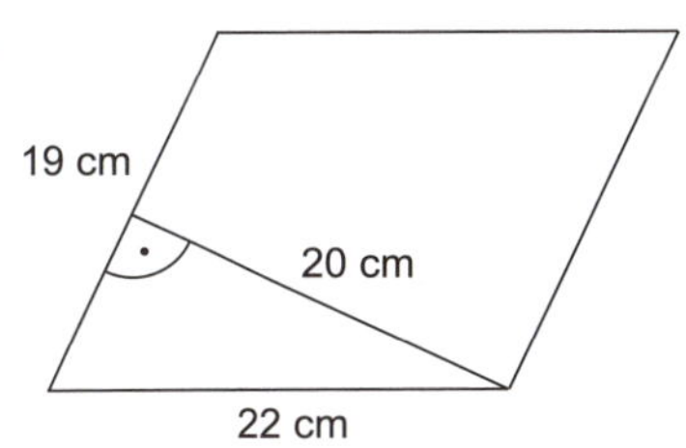

Merke

Trapez

a parallel zu c

Flächeninhalt: $A = \frac{a+c}{2} \cdot h$

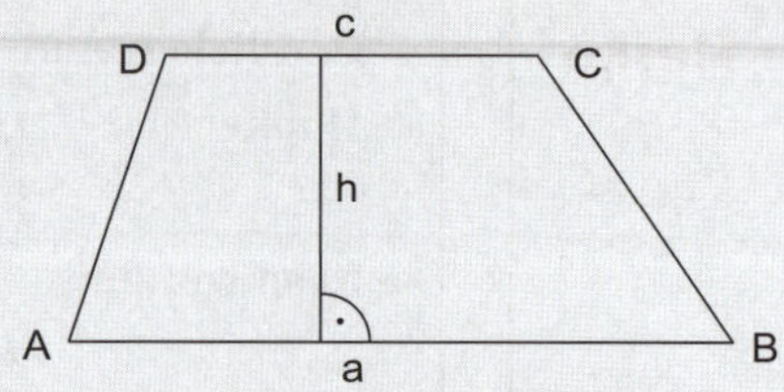

Beispiele

1. Berechne den Flächeninhalt eines Trapezes mit folgenden Maßen:
   a = 5 cm; c = 9 cm; h = 4 cm
   Lösung:
   $A = \frac{5\text{ cm} + 9\text{ cm}}{2} \cdot 4\text{ cm}$ $\qquad A = \frac{a+c}{2} \cdot h$
   $A = \frac{14\text{ cm}}{2} \cdot 4\text{ cm}$
   $A = 7\text{ cm} \cdot 4\text{ cm}$
   $A = 28\text{ cm}^2$

2. Ein Trapez mit a = 8 cm und c = 6 cm hat einen Flächeninhalt von 49 cm^2.
   Bestimme die Höhe des Trapezes.
   Lösung:
   $49\text{ cm}^2 = \frac{8\text{ cm} + 6\text{ cm}}{2} \cdot h$ $\qquad A = \frac{a+c}{2} \cdot h$
   $49\text{ cm}^2 = \frac{14\text{ cm}}{2} \cdot h$
   $49\text{ cm}^2 = 7\text{ cm} \cdot h \quad |: 7\text{ cm}$
   $7\text{ cm} = h$

Aufgaben

206

Berechne die fehlenden Werte der Trapeze.
Runde, falls erforderlich, auf zwei Dezimalstellen.

	Grundseite a	Grundseite c	Höhe h	Flächeninhalt A
a)	45,6 m	168,4 m	93,2 m	
b)	5,4 cm	9,9 cm		55,46 cm^2
c)	88,4 cm	45,6 cm		9,10 dm^2
d)	10 dm		11 dm	330 dm^2
e)		0,2 km	1 km	2,4 km^2

207

Färbe jeweils die parallelen Seiten a und c und zeichne die Höhe ein. Berechne danach jeweils den Flächeninhalt der Trapeze (Kästchenlänge = 3 cm).

a)

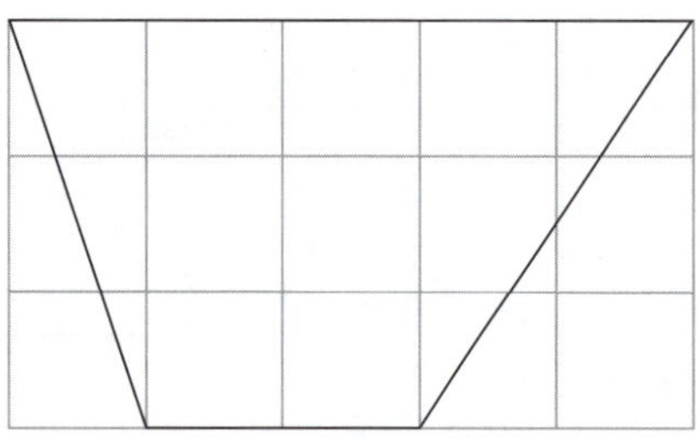

b)

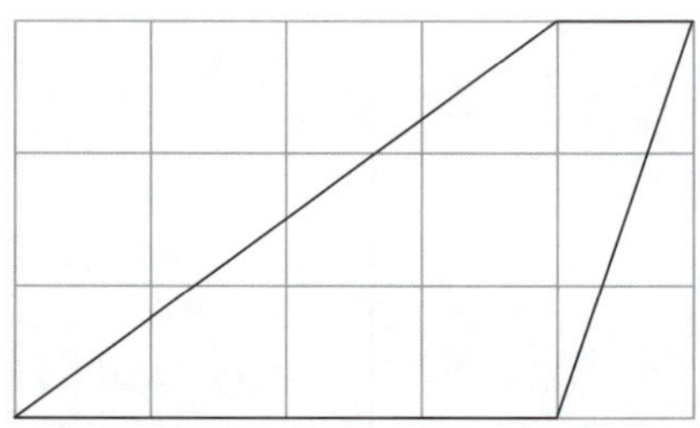

208 Berechne jeweils den Flächeninhalt und den Umfang der gleichschenkligen Trapeze. Fehlende Werte kannst du mit dem Satz des Pythagoras berechnen.
Runde alle Ergebnisse, auch Zwischenergebnisse, auf eine Dezimalstelle.

a)

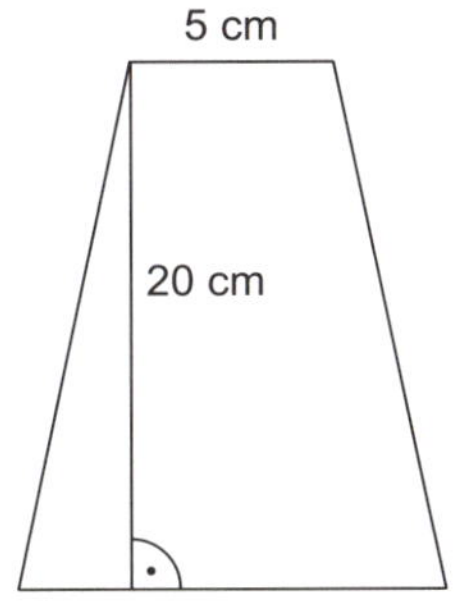

b)

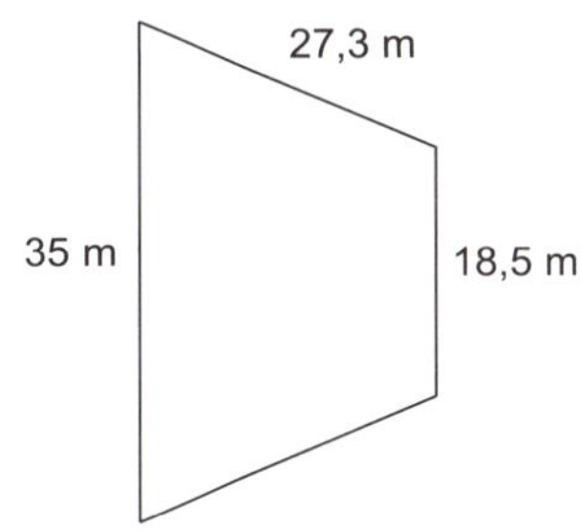

209 Drei Flächen unterschiedlicher Form haben den gleichen Flächeninhalt. Die erste Fläche ist ein Trapez (a = 30 m, c = 22 m, h = 47 m), die zweite ein Rechteck (a = 40 m) und die dritte ein Dreieck (c = 50 m).
Berechne den Flächeninhalt des Trapezes, die Länge der Rechteckseite b und die Höhe h_c des Dreiecks.

210 Berechne die Fläche des dargestellten unregelmäßigen Fünfecks.
$\overline{AE} = 6$ cm
$\overline{BC} = 6$ cm
$\overline{CD} = 8$ cm
h = 12 cm

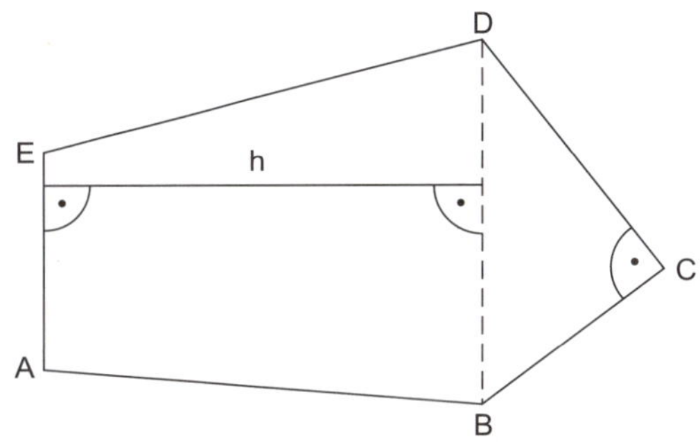

211 Ein Schulgarten wird neu angelegt.
a) Berechne die Fläche des trapezförmigen Gartens.
b) Berechne die Fläche der Beete (dunkelgraue Flächen).
c) Wie hoch ist der prozentuale Anteil der Beete an der Gesamtfläche?

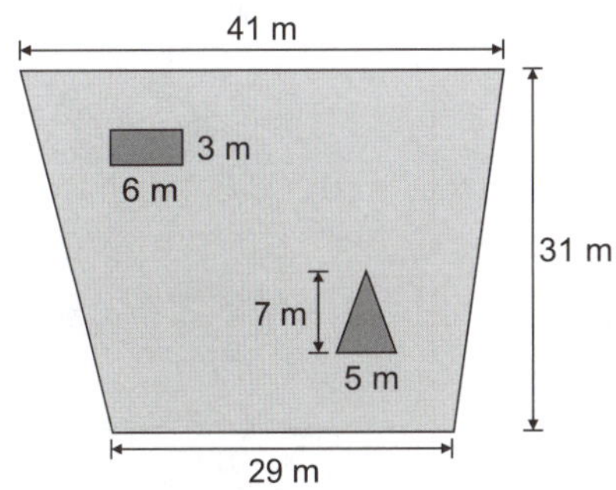

212 Die Firma E-Teck kauft ein 1 200 m² großes Grundstück.
a) Berechne die Höhe des Grundstücks.
b) Die Firma bezahlt 780 000 €.
Wie viel kostet 1 m²?
c) 70 % des Grundstücks sind umzäunt.
Wie lang ist der Zaun?

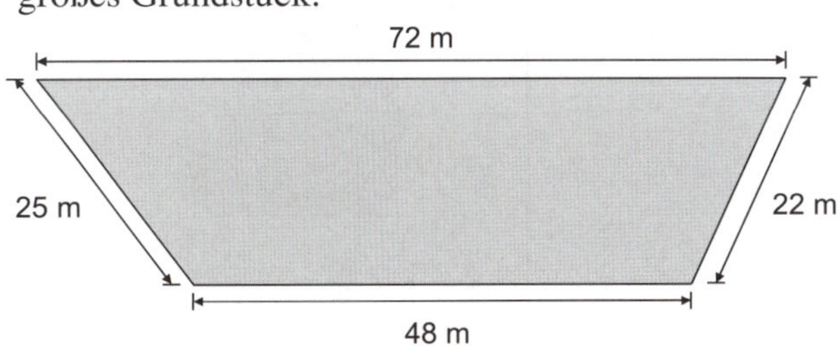

Kreise

Merke

Kreis

Durchmesser: $d = 2 \cdot r$

Umfang: $u = 2 \cdot \pi \cdot r$

$u = \pi \cdot d$

Flächeninhalt: $A = \pi \cdot r \cdot r$

$A = \pi \cdot r^2$

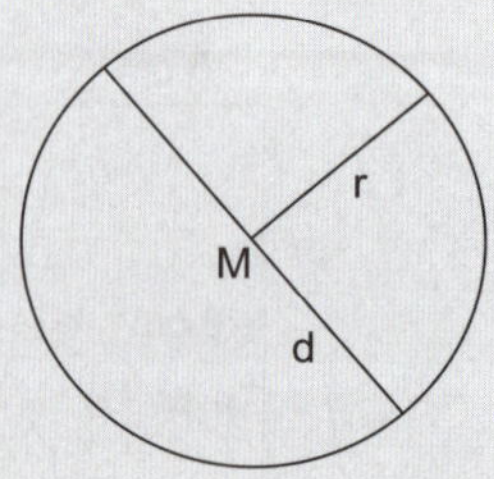

TIPP

Im Folgenden wird immer mit $\pi = 3{,}14$ gerechnet. Falls du mit dem Wert aus dem Taschenrechner rechnest, erhältst du abweichende Ergebnisse.

Beispiel

Berechne den Flächeninhalt und den Umfang eines Kreises mit dem Radius $r = 6{,}7$ cm.

Lösung:

$A = \pi \cdot r^2$
$A = 3{,}14 \cdot (6{,}7\ \text{cm})^2$
$A \approx 141\ \text{cm}^2$

$u = 2 \cdot \pi \cdot r$
$u = 2 \cdot 3{,}14 \cdot 6{,}7\ \text{cm}$
$u \approx 42{,}1\ \text{cm}^2$

Aufgaben

213 Berechne die fehlenden Werte für einen Kreis und runde auf zwei Dezimalstellen.

	Radius r	Durchmesser d	Umfang u	Flächeninhalt A
a)	3,9 m			
b)		4 cm		
c)			5,65 m	

214 Berechne den Flächeninhalt und den Umfang der grauen Flächen.
Runde auf zwei Dezimalstellen.

a)

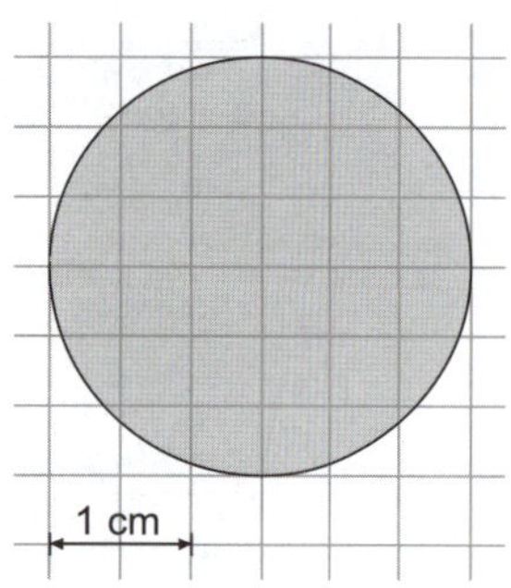

b)

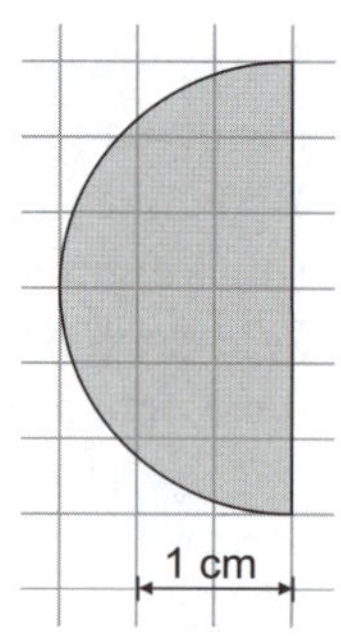

c)

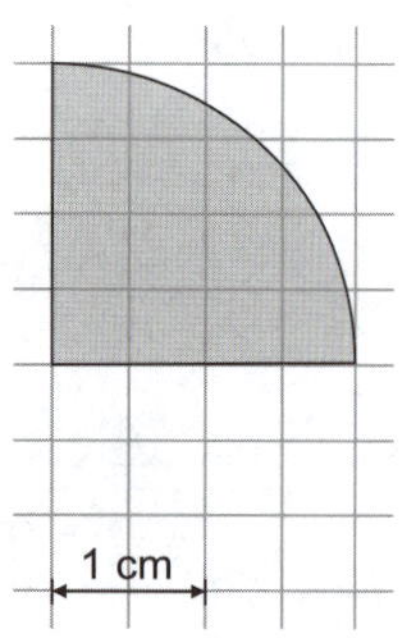

d)

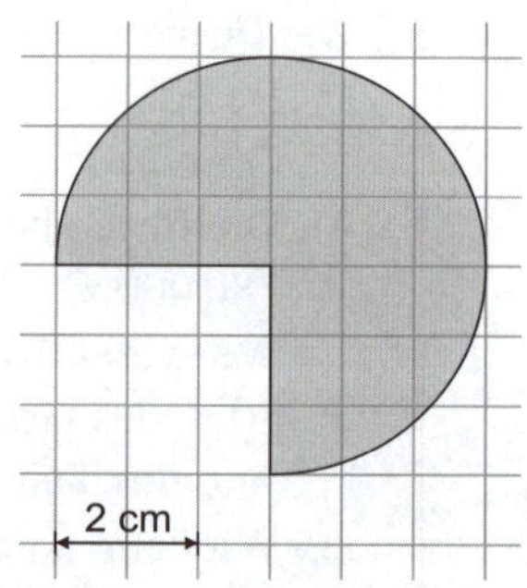

215 Der Stundenzeiger einer Kirchturmuhr ist 3,5 Meter lang, der Minutenzeiger vier Meter. Welchen Weg legen die Spitzen der beiden Zeiger jeweils in 24 Stunden zurück?

216 Berechne.

a) Welche Strecke legt ein Rad mit Radius r = 23 cm bei einer Umdrehung zurück?
b) Welche Strecke legt ein Rad mit Radius r = 77 cm bei zwei Umdrehungen zurück?
c) Welche Strecke legt ein Rad mit Radius r = 37 cm bei drei Umdrehungen zurück?

217 Herr Müller braucht neue Winterreifen für sein Auto.

a) Welchen Umfang hat der Reifen (r = 32 cm)?
Runde auf ganze Meter.
b) Nach 35 000 km ist er abgefahren.
Wie viele Umdrehungen hat er bis dahin gemacht?

218 Eine Ziege ist mit einem 6,5 Meter langen Strick an einem Pflock festgebunden.

a) Welche Fläche kann die Ziege abgrasen?
b) Kann die Ziege die doppelte Fläche abgrasen, wenn der Strick auf 13 Meter verlängert wird?

219 Der Äquator der Erde hat eine ungefähre Länge von 40 075 km.
Der Mond hat am Äquator einen mittleren Durchmesser von ca. 3 476 km.

a) Wie lang ist der Äquator des Mondes?
b) Berechne den Durchmesser der Erde am Äquator.
Runde auf zwei Dezimalstellen.

220 Die Pizzeria Bella Italia hat folgende Mittagsangebote.

Pizzeria Bella Italia – Mittagsangebot

	klein ⌀ 20 cm	mittel ⌀ 30 cm	groß ⌀ 35 cm
Pizza Funghi	4,40 €	5,10 €	6,20 €
Pizza Hawaii	6,20 €	6,90 €	7,40 €
Pizza Margarita	4,70 €	5,30 €	5,50 €
Pizza Napoli	4,30 €	6,30 €	6,60 €

a) Sarah hat Geburtstag und kauft für ihre Party zwei große Pizzas Hawaii, eine mittlere Pizza Margarita, ein kleine Pizza Napoli und eine mittlere Pizza Funghi.
Wie viel muss sie insgesamt bezahlen?
b) Murat bezahlt die Pizzas für sich und seine Freunde. Auf seiner Rechnung steht ein Gesamtpreis von 12,16 €. Er sagt zum Kellner: „Da muss ein Rechenfehler vorliegen.“
Hat Murat recht? Begründe.
c) Wie viel kostet eine große Pizza im Durchschnitt?
d) Kevin isst eine große und eine kleine Pizza. Jürgen isst zwei mittlere Pizzas.
Wer isst mehr Pizza?
e) Um wie viel Prozent ist die mittlere Pizza größer als die kleine Pizza?
f) Der Pizzabäcker möchte eine quadratische Pizza backen, die denselben Flächeninhalt haben soll wie die mittlere Pizza.
Wie lang müssen die Seiten der quadratischen Pizza dann sein?

Berechnungen an zusammengesetzten Flächen

Aufgaben

221 Bestimme den Flächeninhalt der Figuren (alle Maße in cm).

a)

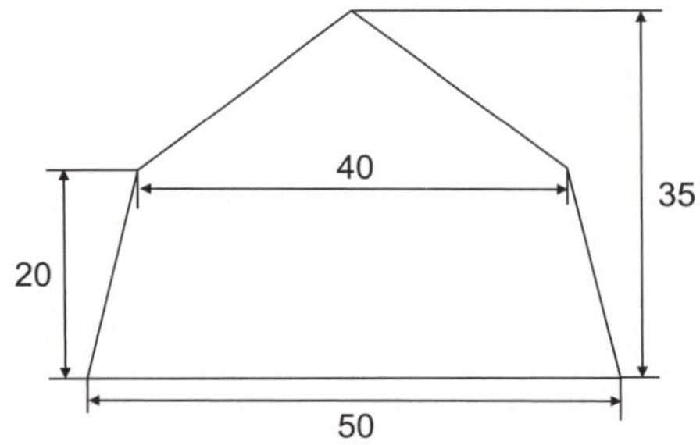

b)

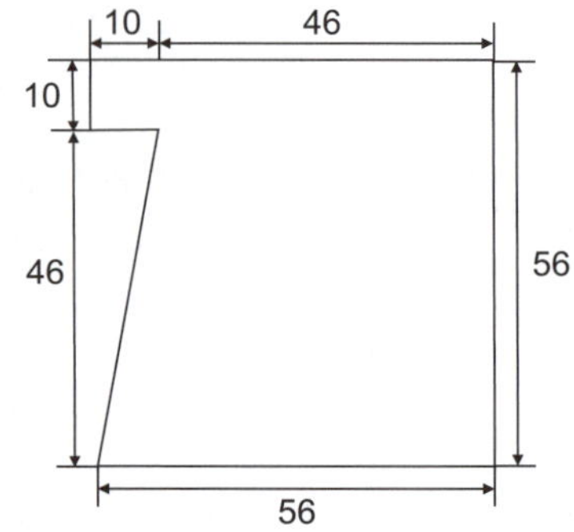

c)

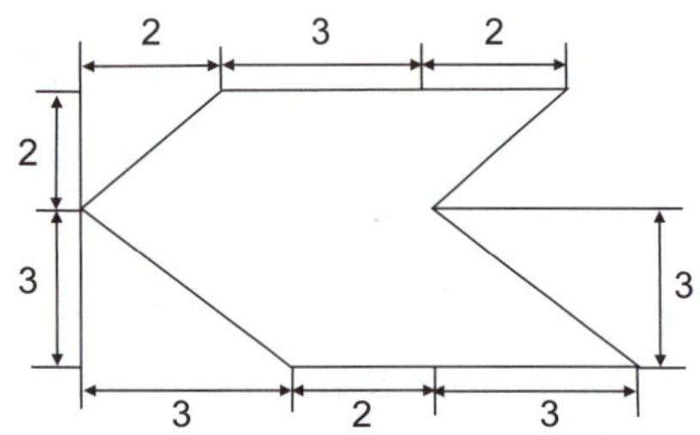

d)

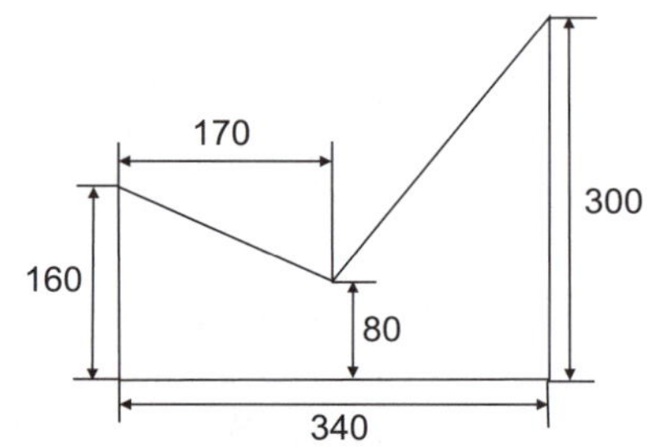

222 Berechne den Flächeninhalt und den Umfang der grauen Flächen.

a)

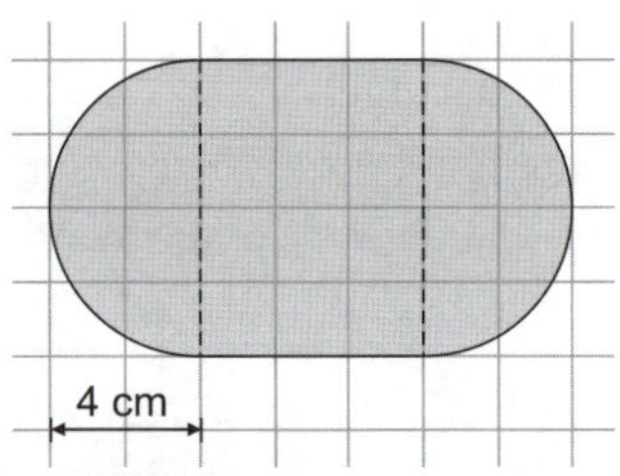

b)

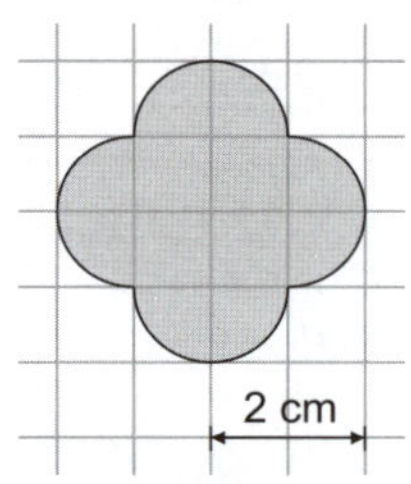

c)

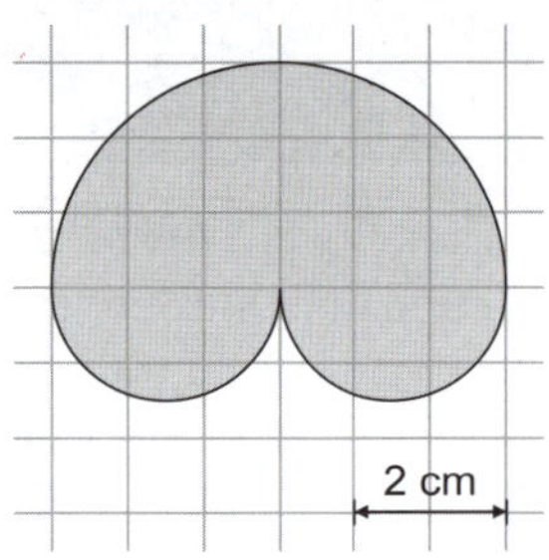

d)

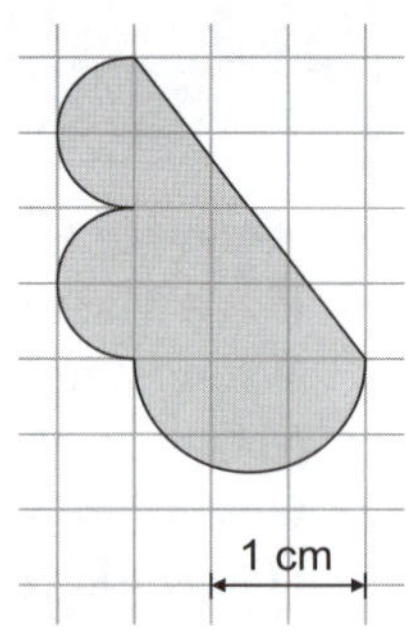

e)

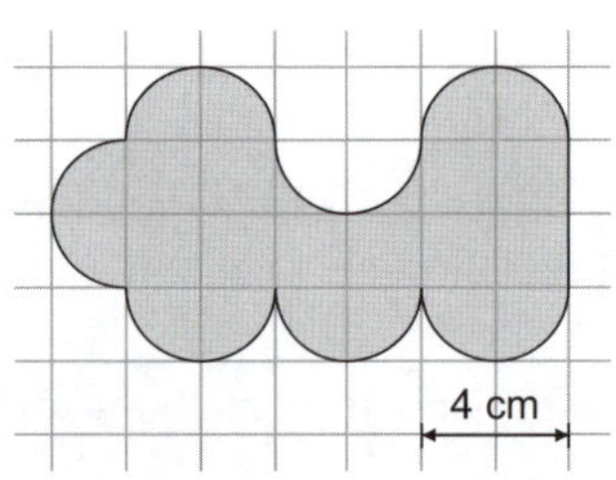

f)

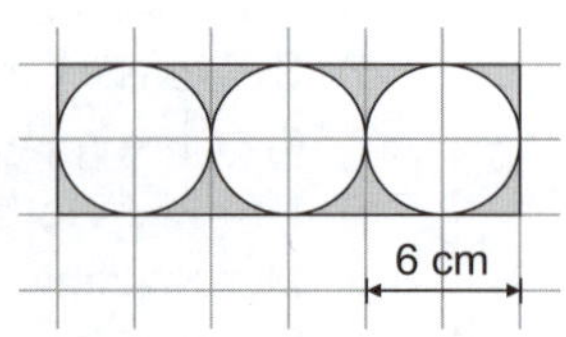

223 Zeichne folgende Punkte in ein Koordinatensystem (1 Einheit = 1 cm) und verbinde sie:
A(3 | 0,5); B(5 | 3); C(5 | 5); D(4 | 6); E(2 | 6); F(1 | 5); G(1 | 3)
Berechne nun den Flächeninhalt und den Umfang der entstandenen Figur.

224 Berechne den Inhalt der grauen Fläche.
Hinweis: Die Figur ist achsensymmetrisch.

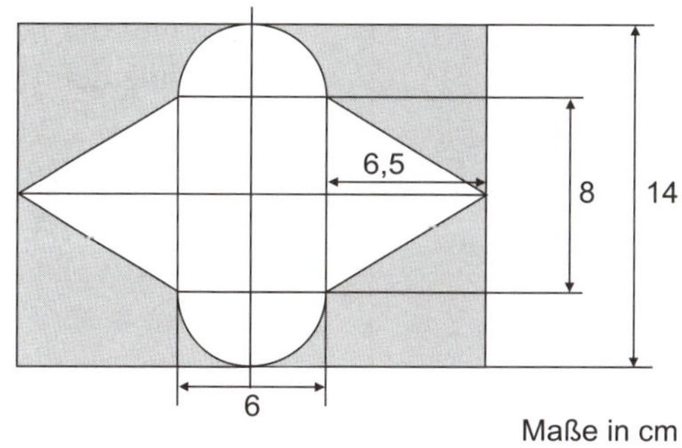

225 Berechne jeweils den Inhalt der grauen Fläche.

a)
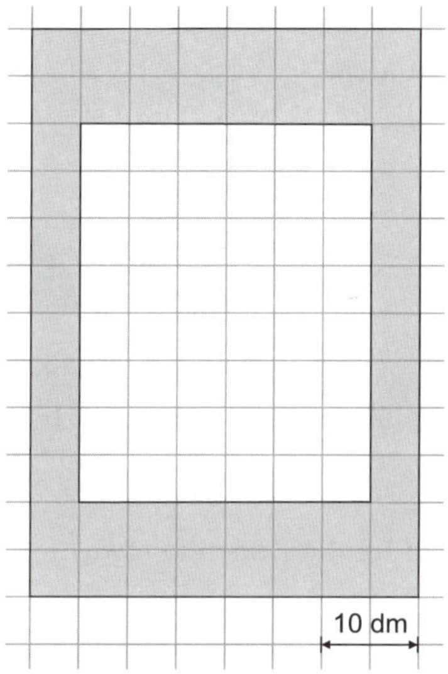

b)
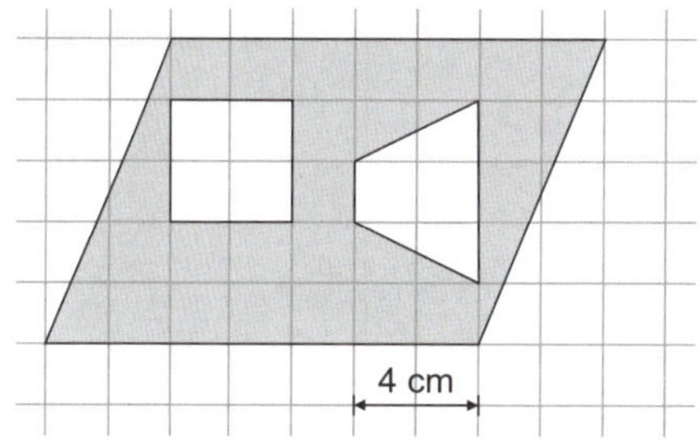

c)
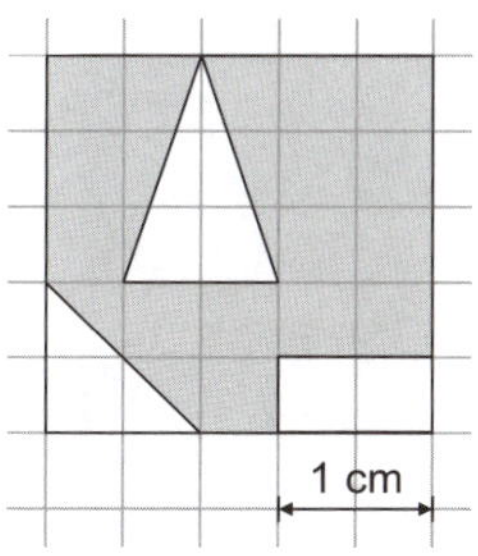

d)
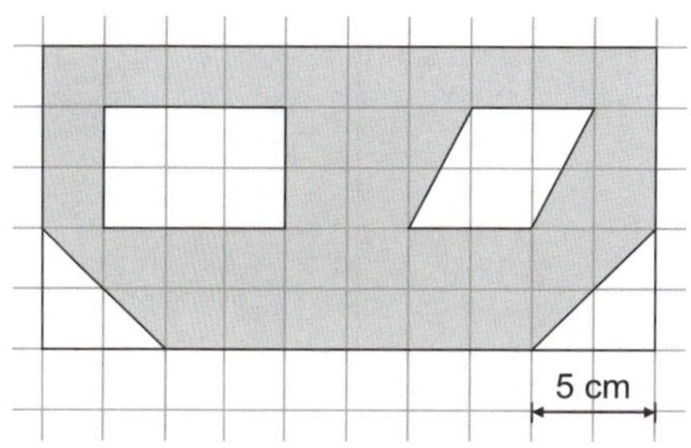

226 Das abgebildete schiefe Kreuz besteht nur aus zwei Seitenlängen.
Bezeichne die kürzere Seite mit a und die längere Seite mit b.
Drücke den Flächeninhalt des Kreuzes mithilfe der Buchstaben aus.

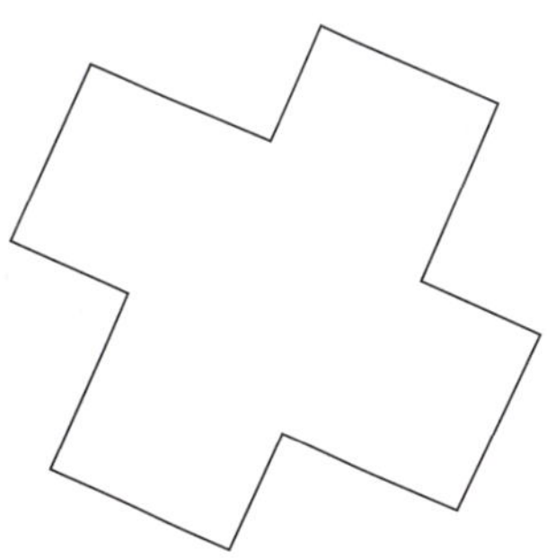

227 Betrachte den Plan einer Neubausiedlung.

a) Berechne den Flächeninhalt der Grundstücke 2, 3, 4 und 5.
b) Wie groß ist der Flächeninhalt des Buchenwegs und der Birkenstraße?
c) Berechne den Umfang von Grundstück 1, 6 und 7.
d) Das Grundstück 2 kostet 61 500 €. Wie viel kostet 1 m^2?
e) Der Wert von Grundstück 2 steigt nach einem Jahr um 4 %. Berechne den neuen Wert des Grundstücks.

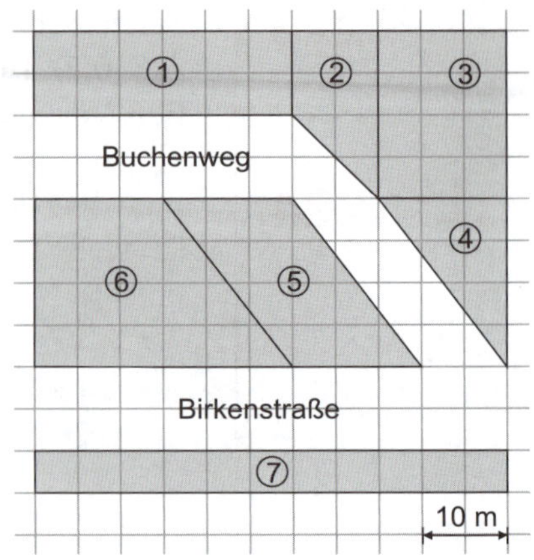

228 Berechne die Fläche des Sparkassenschildes.
Hinweis: Schätze zuerst die Länge und die Höhe des Schildes. Ein Vergleich mit den beiden Männern hilft dir.

229 Familie Bauer möchte im Erdgeschoss ihres Hauses den Boden erneuern. Im Wohnzimmer soll für 30 € pro m^2 ein neuer Parkettboden verlegt werden. Im WC, im Flur, auf der Treppe und in der Küche werden für 20 € pro m^2 Fliesen gelegt. Im Arbeitszimmer soll Kork für 10 € pro m^2 verlegt werden.
Wie viel kostet das gesamte Material für die Böden in etwa?

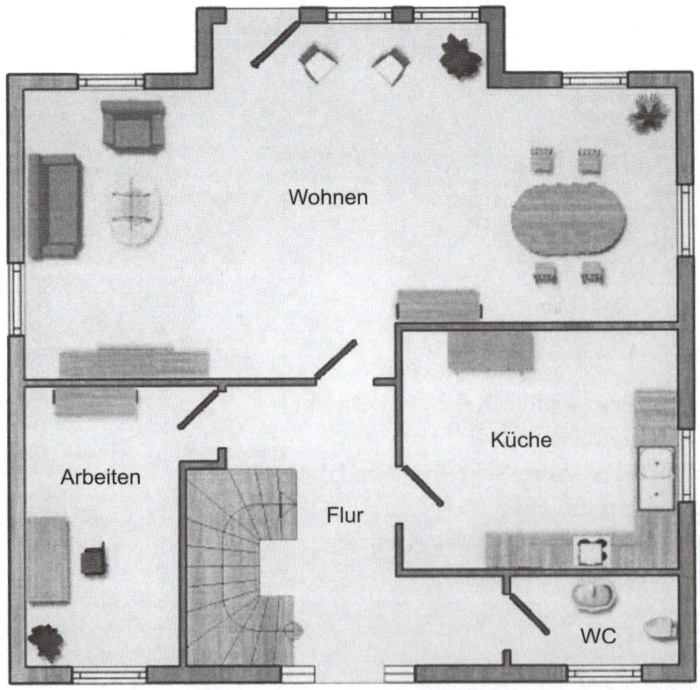

Maßstab 1 : 100

8 Volumen- und Oberflächenberechnung

Würfel

Merke

Würfel

Volumen: $V = a \cdot a \cdot a$

$V = a^3$

Oberfläche: $A_O = 6 \cdot a \cdot a$

$A_O = 6 \cdot a^2$

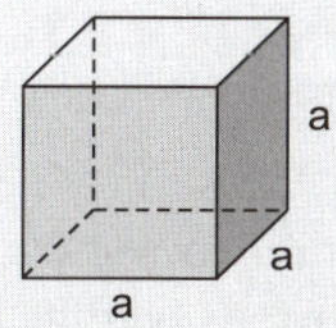

Beispiele

1. Berechne das Volumen und die Oberfläche eines Würfels mit der Kantenlänge 7 cm.
   Lösung:
   $V = 7\text{ cm} \cdot 7\text{ cm} \cdot 7\text{ cm}$ — $V = a \cdot a \cdot a$
   $V = 343\text{ cm}^3$
   $A_O = 6 \cdot 7\text{ cm} \cdot 7\text{ cm}$ — $A_O = 6 \cdot a \cdot a$
   $A_O = 294\text{ cm}^2$

2. Ein Würfel hat eine Oberfläche von 150 cm^2.
   Wie lang ist eine Kante des Würfels?
   Lösung:
   $150\text{ cm}^2 = 6 \cdot a^2 \quad |:6$ — $A_O = 6 \cdot a^2$
   $25\text{ cm}^2 = a^2 \quad |\sqrt{\ }$
   $5\text{ cm} = a$

Aufgaben

230 Berechne die Oberfläche und das Volumen der Würfel.

a)

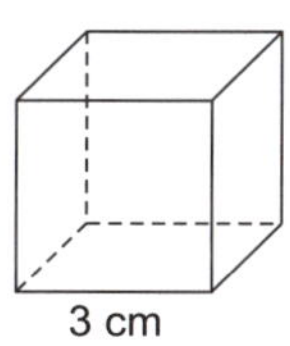

b)

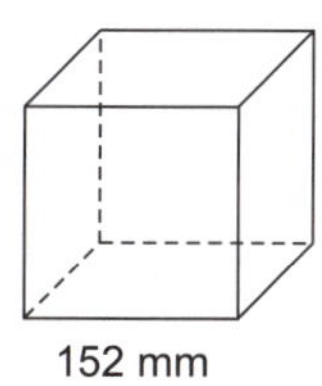

c)

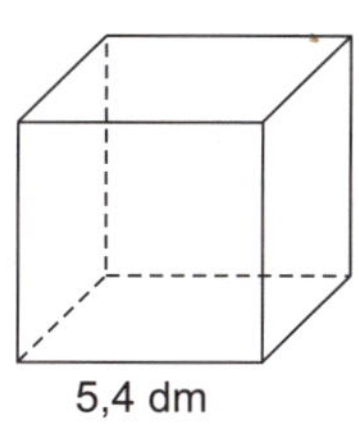

d)

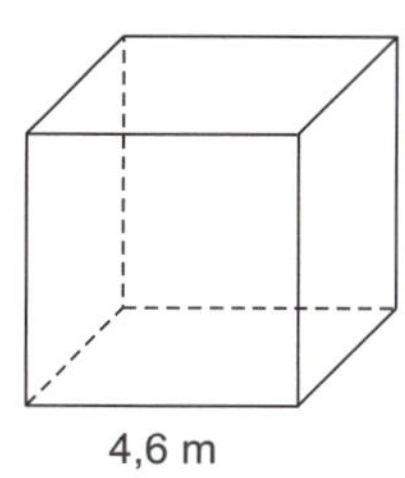

231 Clara und Ben berechnen das Volumen eines Pflastersteins in Würfelform.

a) Clara erhält als Ergebnis 1 331 cm^3, Ben erhält 1,331 dm^3.
   Erkläre, warum beide Ergebnisse richtig sind.

b) Die Oberfläche des Pflastersteins beträgt 726 cm^2.
   Wie lang ist eine Kante des Würfels?

232 Berechne die fehlenden Werte der folgenden Würfel.
Achte auf die Einheiten. Runde, falls nötig, auf zwei Dezimalstellen.

	Seite a	Grundfläche A_G	Oberfläche A_O	Volumen V
a)	4 cm			
b)	5,2 dm			
c)		36 m^2		
d)			337,5 cm^2	
e)				729 mm^3

233 Die Pralinen werden einzeln in einem würfelförmigen Karton verpackt. Die Kantenlänge des Kartons beträgt 2,5 cm.

a) Berechne das Volumen und die Oberfläche des Kartons.
b) Die Pralinenkugeln haben ein Volumen von 14 cm^3.
Wie viel Prozent des Kartons ist leer?
c) Wie lang ist die Flächendiagonale einer Kartonseite?

Quader

Merke

Quader
Volumen: $V = a \cdot b \cdot c$
Oberfläche: $A_O = 2 \cdot a \cdot b + 2 \cdot a \cdot c + 2 \cdot b \cdot c$
$A_O = 2 \cdot (a \cdot b + a \cdot c + b \cdot c)$

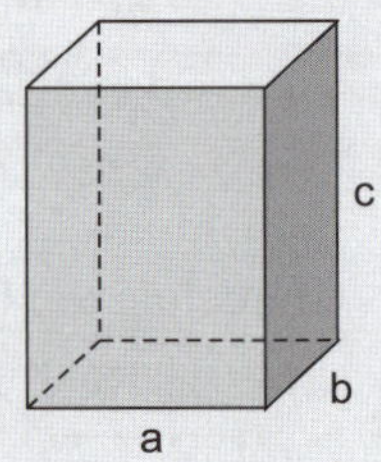

Beispiele

1. Berechne das Volumen und die Oberfläche eines Quaders mit folgenden Maßen:
$a = 12$ cm; $b = 8$ cm; $c = 10$ cm
Lösung:
$V = 12 \text{ cm} \cdot 8 \text{ cm} \cdot 10 \text{ cm}$ $\qquad V = a \cdot b \cdot c$
$V = 960 \text{ cm}^3$
$A_O = 2 \cdot 12 \text{ cm} \cdot 8 \text{ cm} + 2 \cdot 12 \text{ cm} \cdot 10 \text{ cm} + 2 \cdot 8 \text{ cm} \cdot 10 \text{ cm}$ $\qquad A_O = 2 \cdot a \cdot b + 2 \cdot a \cdot c + 2 \cdot b \cdot c$
$A_O = 192 \text{ cm}^2 + 240 \text{ cm}^2 + 160 \text{ cm}^2$
$A_O = 592 \text{ cm}^2$

2. Ein Quader hat ein Volumen von 720 cm^3. Seine Höhe beträgt 9 cm.
Wie groß ist seine Grundfläche?
Lösung:
$720 \text{ cm}^3 = A_G \cdot 9 \text{ cm} \quad |:9 \text{ cm}$ $\qquad V = A_G \cdot h$
$80 \text{ cm}^2 = A_G$

Aufgaben

234

I
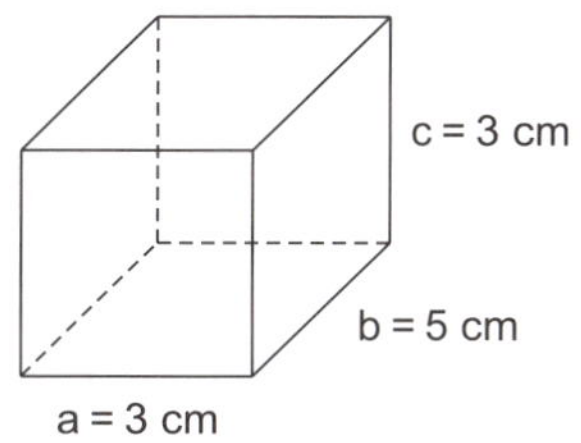

II
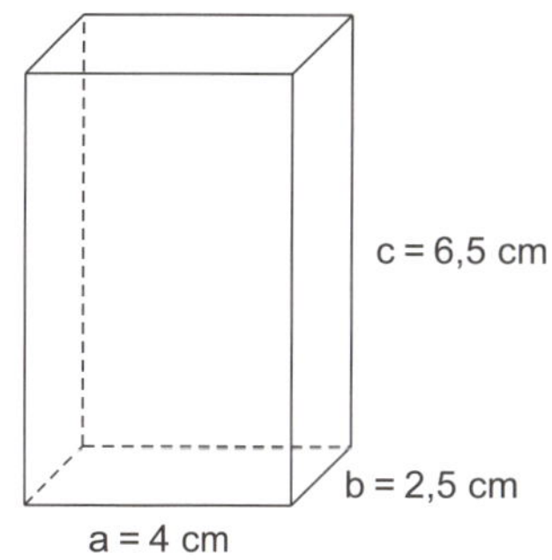

a) Berechne das Volumen der Körper.
b) Berechne die Oberfläche der Körper.
c) Welche Kantenlänge hat jeweils ein Würfel mit der gleichen Oberfläche?

235 Berechne die fehlenden Werte der folgenden Quader.
Achte auf die Einheiten.

	Seite a	Seite b	Seite c	Volumen V	Oberfläche A_O
a)	3 dm	80 cm		204 dm^3	
b)		2,5 m	84 dm	157,5 m^3	
c)	16 cm		19 cm	2 888 cm^3	
d)	4 500 cm	45 dm	2,2 m		

236 Eine quaderförmige Milchverpackung hat eine Höhe von 20 cm.
Wie groß muss die Grundfläche sein, damit ein Liter Milch in die Packung passt?

237 Ein Aquarium ist mit 360 ℓ halb gefüllt.
Es ist 18 dm lang und 5 dm breit.
a) Berechne die Wasserstandshöhe.
b) Wie hoch ist das Aquarium?
c) Die Wasserhöhe beträgt jetzt 65 cm.
Wie viele Liter Wasser sind im Aquarium?

238 Ein Betrieb stellt einen quaderförmigen Tank ($a = 6,5$ m; $b = 3,8$ m) mit einem Fassungsvermögen von 66 690 Litern her.
a) Wie hoch wird der Tank?
b) Wie viele Quadratmeter Stahlblech werden zur Herstellung des Tanks benötigt?

239 Berechne jeweils den Rauminhalt der Körper (alle Angaben in mm).

a)
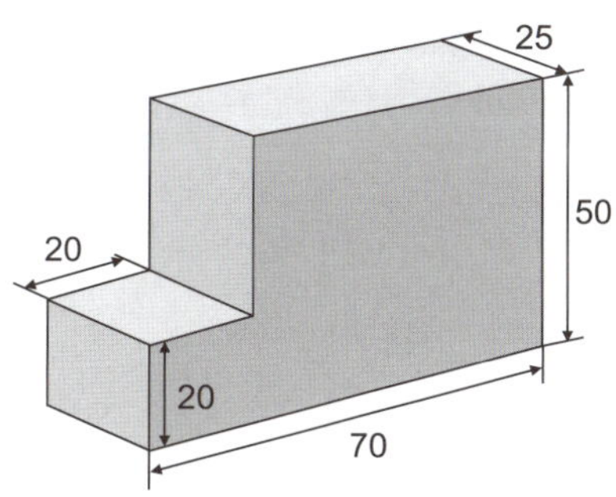

b)
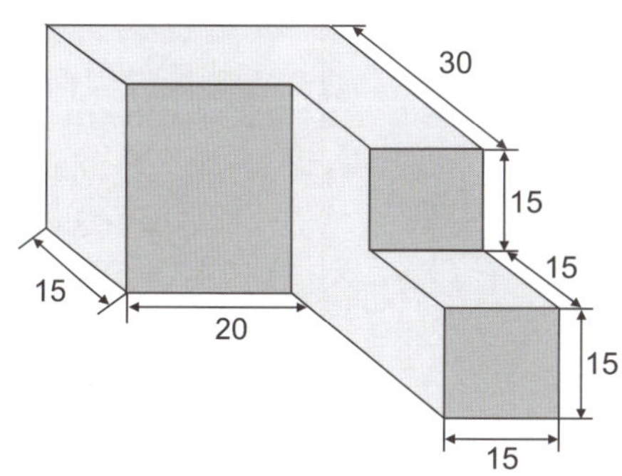

240 Franz baut aus drei Holzquadern eine Treppe.

a) Berechne das Volumen der Treppe.

b) Franz lackiert die gesamte Treppe. Wie groß ist die Fläche, die er lackieren muss?

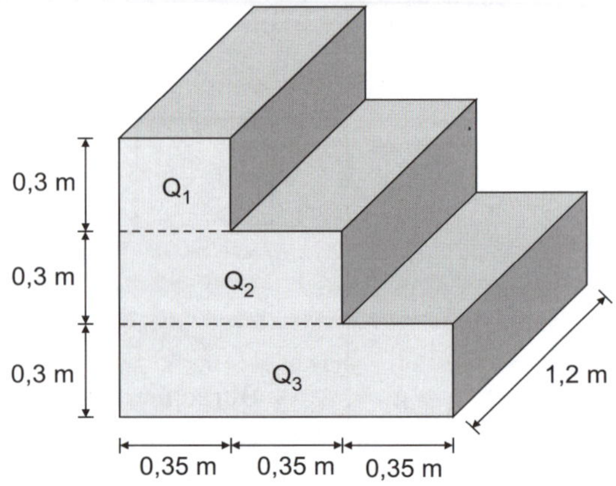

Prisma

Merke

Prisma

Volumen:

$V = A_G \cdot h_k$

Mantelfläche:

$A_M =$ Summe der Seitenflächen

$A_M = u_{\text{Grundfläche}} \cdot h_k$

Oberfläche: $A_O = 2 \cdot A_G + A_M$

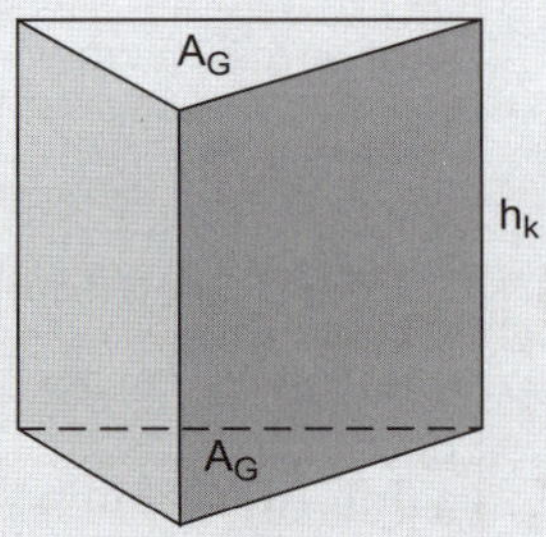

Die angegebenen Formeln sind für alle geraden Prismen gültig.

Beispiel

Berechne das Volumen und die Oberfläche für ein gerades Prisma mit einem rechtwinkligen Dreieck als Grundfläche (rechter Winkel bei C).
Folgende Maße sind gegeben: $a = 9$ cm; $b = 12$ cm; $c = 15$ cm; $h_k = 11$ cm

Lösung:

$A_G = \frac{9\text{ cm} \cdot 12\text{ cm}}{2}$

$A_G = 54\text{ cm}^2$

Berechne zuerst die Grundfläche (Flächeninhalt des rechtwinkligen Dreiecks):
$A = \frac{a \cdot b}{2}$

$V = 54\text{ cm}^2 \cdot 11\text{ cm}$

$V = 594\text{ cm}^3$

$V = A_G \cdot h_k$

$u = 9\text{ cm} + 12\text{ cm} + 15\text{ cm}$

$u = 36\text{ cm}$

Berechne den Umfang der Grundfläche:
$u = a + b + c$

$A_O = 2 \cdot 54\text{ cm}^2 + 36\text{ cm} \cdot 11\text{ cm}$

$A_O = 108\text{ cm}^2 + 396\text{ cm}^2$

$A_O = 504\text{ cm}^2$

$A_O = 2 \cdot A_G + u \cdot h_k$

Aufgaben

241 Färbe zunächst jeweils die Grundflächen und berechne deren Flächeninhalt. Berechne dann das Volumen der Prismen.

a)

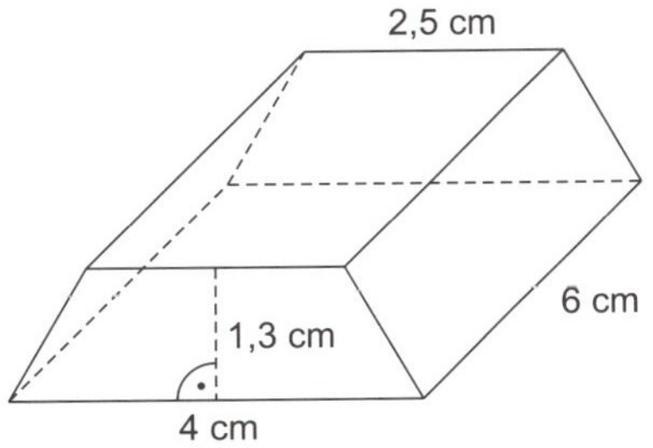

b)

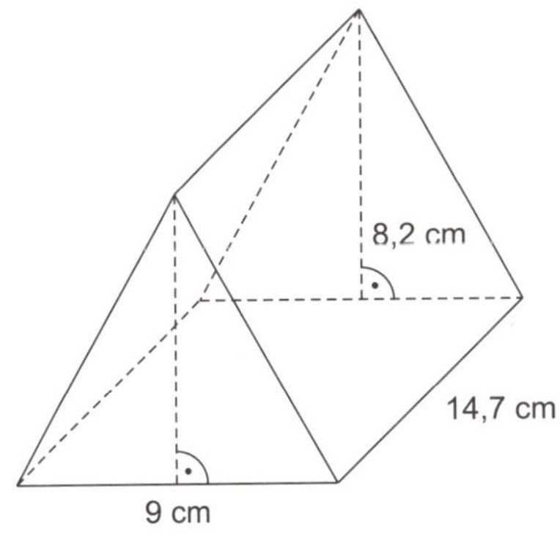

c)

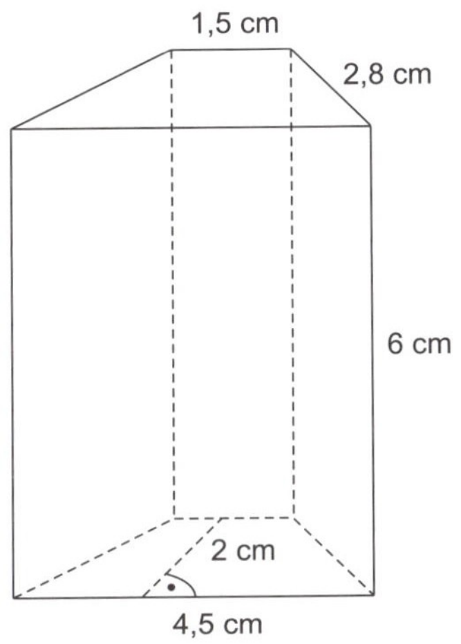

d)

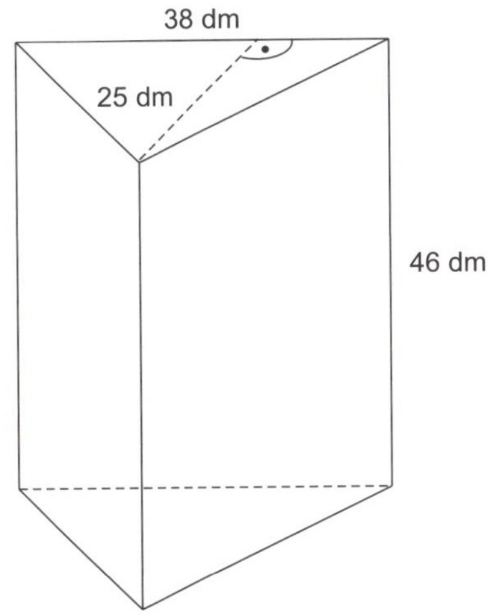

242 Berechne die fehlenden Werte der folgenden Dreiecksprismen.

	Grundseite g	Dreieckshöhe h	Grundfläche A_G	Körperhöhe h_k	Volumen V
a)	6 cm	12 cm		9 cm	
b)	18 mm	7 mm		9 mm	
c)		23,5 cm	282 cm^2		6 486 cm^3
d)	15,7 m		188,4 m^2	12,2 m	
e)		22,7 dm	317,8 dm^2		10 169,6 dm^3

243 Ein Prisma mit trapezförmiger Grundfläche (a = 9 cm; c = 4 cm; h = 7 cm) hat ein Volumen von 568,75 cm^3.

a) Berechne die Höhe des Prismas.

b) Wie hoch ist ein Prisma mit einem rechtwinkligen Dreieck (a = 3 cm; b = 4 cm; c = 5 cm) als Grundfläche, wenn es das gleiche Volumen hat?

244 Die trapezförmige Grundfläche eines Biomüllbehälters hat eine Fläche von 700 cm^2. Das Gesamtvolumen beträgt 35 dm^3. Passt Sinas vertrockneter Blumenstock mit einer Höhe von 45 cm in den Mülleimer?

245

René bringt seinen Eltern von der Klassenfahrt eine Schweizer Schokolade mit und verpackt sie als Geschenk.

a) Wie groß ist die Oberfläche der Schokoladenpackung?
b) Das Geschenkpapier ist 19 % größer als die Oberfläche.
Wie viel cm^2 Geschenkpapier wird benötigt?
c) Berechne die Länge des Geschenkbandes.
Für die Schleife benötigt Rene 36,2 cm.

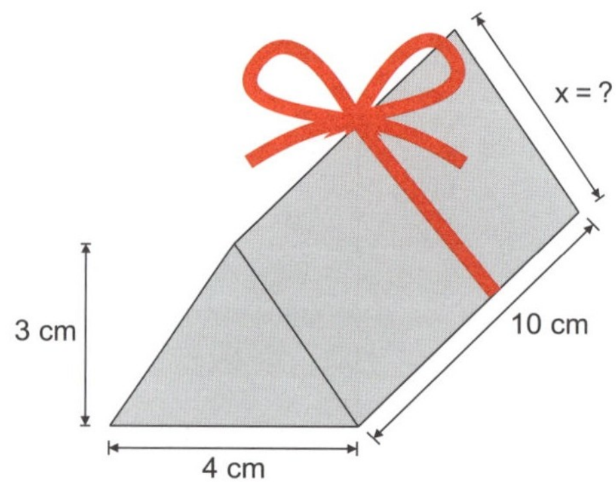

246

Beim Abbau von Kies entsteht eine trapezförmige Baugrube.

a) Berechne das Volumen der Grube.
b) Nach starkem Regen befinden sich in der Baugrube 420 m^3 Wasser.
Wie viel Prozent der Grube ist nicht mit Wasser gefüllt?
c) Wie viele Liter müssen in einer Minute abgepumpt werden, wenn die Grube in sechs Stunden leer sein soll?

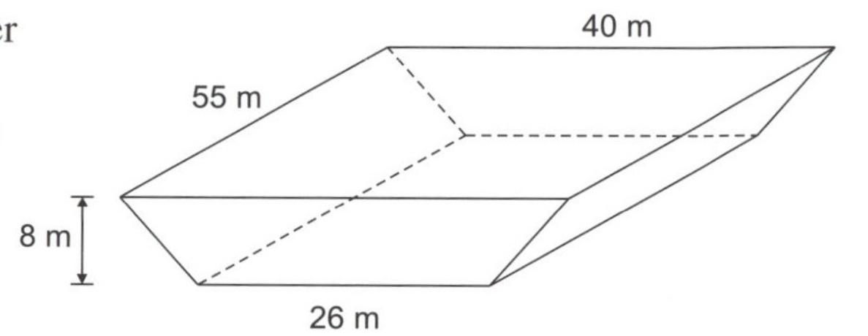

Kreiszylinder

Merke

Kreiszylinder

Volumen: $V = A_G \cdot h_k$

$V = \pi \cdot r^2 \cdot h_k$

Mantelfläche: $A_M = 2 \cdot \pi \cdot r \cdot h_k$

Oberfläche: $A_O = 2 \cdot A_G + A_M$

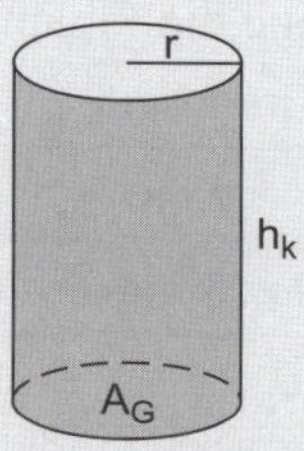

Beispiel

Gegeben ist ein Kreiszylinder mit einem Radius von $r = 7$ cm und einer Körperhöhe von $h_k = 18$ cm.
Berechne das Volumen, die Mantelfläche und die Oberfläche des Körpers.

Lösung:

$V = 3{,}14 \cdot (7\text{ cm})^2 \cdot 18\text{ cm}$ $\qquad V = \pi \cdot r^2 \cdot h_k$

$V = 2\,769{,}48\text{ cm}^3$

$A_M = 2 \cdot 3{,}14 \cdot 7\text{ cm} \cdot 18\text{ cm}$ $\qquad A_M = 2 \cdot \pi \cdot r \cdot h_k$

$A_M = 791{,}28\text{ cm}^2$

$A_O = 2 \cdot 3{,}14 \cdot (7\text{ cm})^2 + 791{,}28\text{ cm}^2$ $\qquad A_O = 2 \cdot \pi \cdot r^2 + A_M$

$A_O = 1\,099\text{ cm}^2$

Aufgaben

247 Ein Zylinder mit einem Volumen von 16 956 cm^3 hat eine Höhe von 24 cm. Berechne den Radius.

248 Ein zylinderförmiges Silo hat eine Standfläche von 616 m^2. Es fasst 17 248 m^3 Getreide.
Berechne den Radius, die Höhe und die Mantelfläche des Silos.

249 Ein neuer zylinderförmiger Gasbehälter soll ein Fassungsvermögen von 13 665 m^3 erhalten. Die Grundfläche beträgt 803,84 m^2.
Berechne den Durchmesser und die Höhe des Behälters.

250 Berechne die fehlenden Werte eines Kreiszylinders. Runde auf zwei Dezimalstellen.

	Radius r	Grundfläche A_G	Höhe h_k	Volumen V	Mantelfläche A_M	Oberfläche A_O
a)	4,7 cm		12,3 cm			
b)		24,6 cm^2	42,8 cm			
c)			102,5 m	1 689,41 m^3		
d)			15,3 cm		680,54 cm^2	

251 Berechne das Volumen der Körper (Maße in cm).

a)

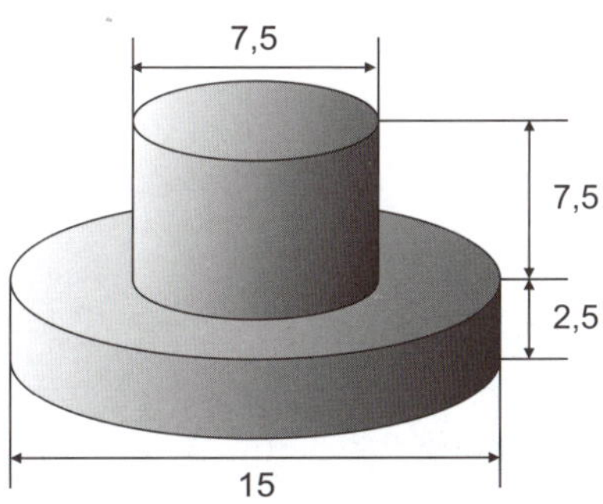

b)

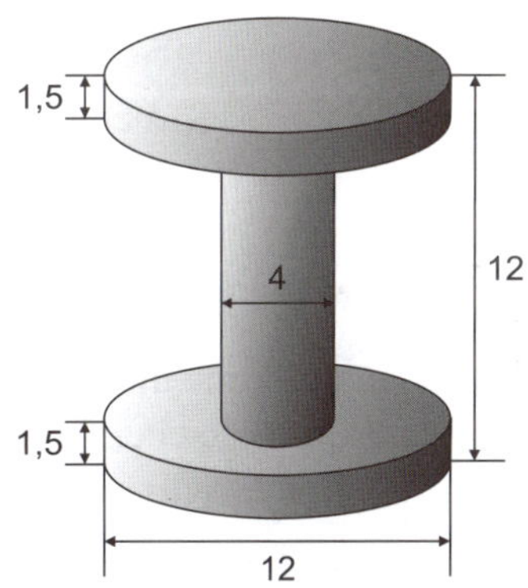

252 Die Konservendose hat ein Fassungsvermögen von 850 cm^3.

a) Wie hoch ist die Dose?
b) Das Blech für die Grund- und Deckfläche wird jeweils aus quadratischen Blechteilen ausgeschnitten.
Wie groß müssen die quadratischen Teile mindestens sein?
Wie viele cm^2 Abfall entstehen beim Herstellen des Bodens und des Deckels der Dose? Berechne den Abfall auch in Prozent.

253 Betrachte das Trinkglas mit einem Radius von 2,5 cm.

a) Wie groß ist die Grundfläche A_G?
b) Auf welcher Höhe h_k befindet sich das Eichmaß 0,2 ℓ?
c) Wie viel Flüssigkeit passt maximal in das Glas?
d) Ein Mensch soll am Tag ca. 2,5 ℓ trinken.
Wie oft muss das Glas dafür bis zum Eichmaß gefüllt werden?

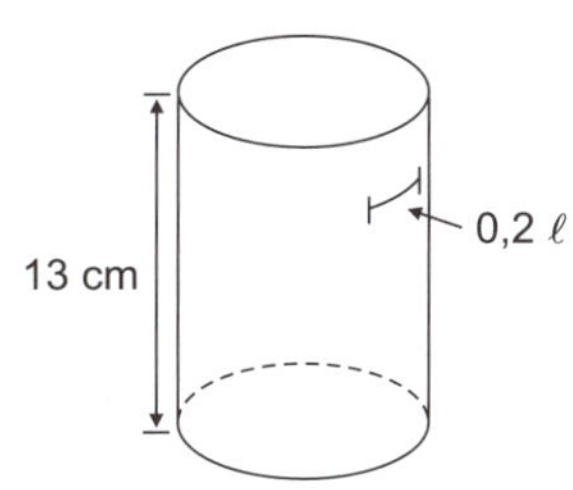

Pyramide

Merke

Pyramide

Volumen: $V = \frac{1}{3} \cdot A_G \cdot h_k$

Mantelfläche:
A_M = Summe der Flächeninhalte der Seitendreiecke A_D

Oberfläche: $A_O = A_G + A_M$

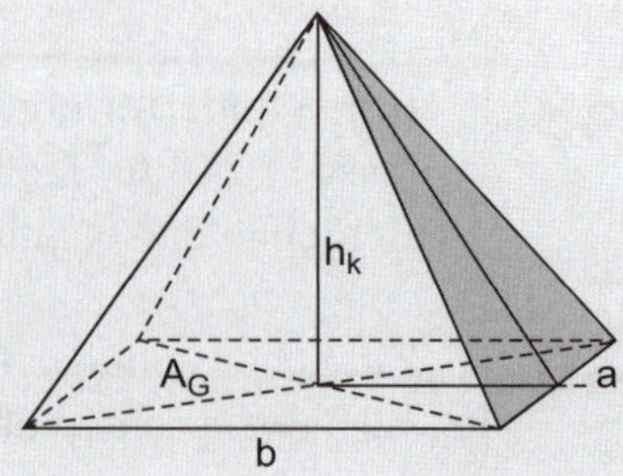

Beispiele

1. Berechne das Volumen einer quadratischen Pyramide mit $a = 5$ cm und $h_k = 12$ cm.
   Lösung:
   $A_G = 5\text{ cm} \cdot 5\text{ cm}$ — Berechne zunächst die Größe der Grundfläche.
   $A_G = 25\text{ cm}^2$
   $V = \frac{1}{3} \cdot 25\text{ cm}^2 \cdot 12\text{ cm}$ — $V = \frac{1}{3} \cdot A_G \cdot h_k$
   $V = 100\text{ cm}^3$

2. Wie hoch ist eine Pyramide mit einer Grundfläche von 121 cm² und einem Volumen von 605 cm³?
   Lösung:
   $605\text{ cm}^3 = \frac{1}{3} \cdot 121\text{ cm}^2 \cdot h_k \quad | \cdot 3$ — $V = \frac{1}{3} \cdot A_G \cdot h_k$
   $1815\text{ cm}^3 = 121\text{ cm}^2 \cdot h_k \quad | : 121\text{ cm}^2$
   $15\text{ cm} = h_k$

Aufgaben

254

Berechne die fehlenden Werte für Pyramiden mit quadratischer Grundfläche.
Runde auf eine Dezimalstelle, wenn nötig.

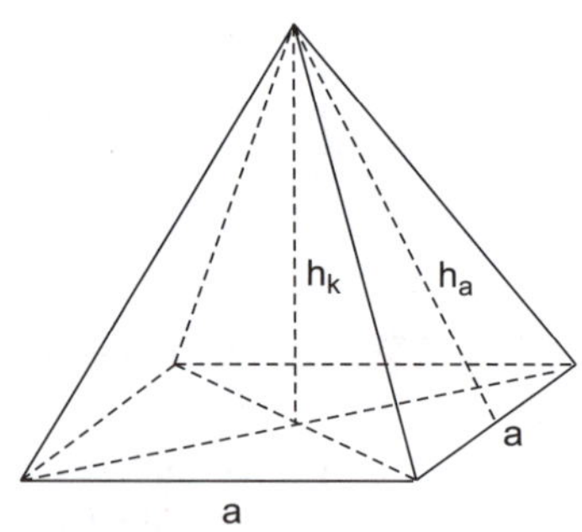

	Kante a	Körperhöhe h_k	Seitenhöhe h_a	Volumen V	Mantelfläche A_M
a)	10 cm	18 cm	18,7 cm		
b)		6,3 m	6,5 m	18,9 m³	
c)	5,6 dm	7,2 dm	7,75 dm		
d)	14 cm			517,4 cm³	296,8 cm²

255

Die Cheopspyramide von Gizeh hatte bei ihrer Erbauung eine Grundfläche von etwa 56 644 m² und ein Volumen von etwa 2 768 003 m³.
Wie hoch war die Pyramide bei ihrer Erbauung?

256 Die Abbildung zeigt ein Dach in Form einer Pyramide mit rechteckiger Grundfläche. Es soll mit Kupferblech eingedeckt werden.
Maße: $a = 11$ m; $b = 8{,}4$ m; $h_k = 14{,}4$ m
Runde alle Ergebnisse auf zwei Dezimalstellen.

a) Berechne die Dachfläche.
b) Überprüfe durch Rechnung, ob 30 000 € für das Kupferblech reichen, wenn für Verschnitt und Falze mit 23 % Mehrbedarf gerechnet werden muss.
Ein Quadratmeter Kupferblech kostet 82,40 €.

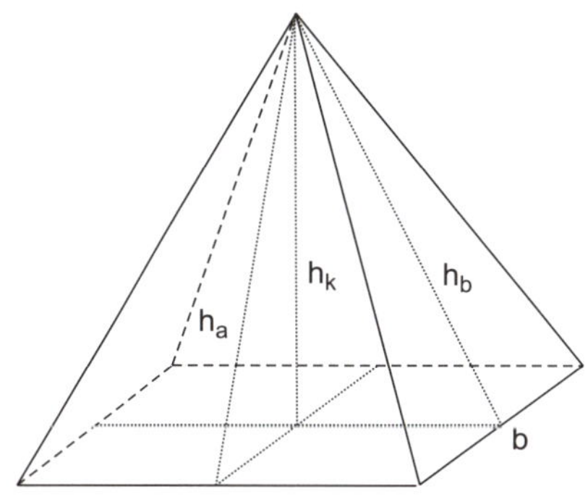

257 Ein Prisma mit quadratischer Grundfläche ($a = 6$ dm) und der Höhe $h = 1{,}2$ m hat die gleiche Oberfläche wie eine Pyramide, deren Grundfläche ein Quadrat mit der Seitenlänge $b = 100$ cm ist.

a) Erstelle von den Körpern Skizzen und trage die gegebenen Maße ein.
b) Berechne die Höhe einer Seitenfläche der Pyramide.
c) Berechne die Körperhöhe der Pyramide.

258 Eine Konditorei stellt pyramidenförmige „Schokoladenspitzen“ mit rechteckiger Grundfläche und einer Höhe von $h_k = 1{,}8$ cm her.

a) Berechne das Volumen einer Schokoladenspitze.
b) Zeige durch Rechnung, dass $h_a \approx 2{,}1$ cm und $h_b \approx 1{,}9$ cm lang sind.
c) Eine Schokoladenspitze wiegt 12 g und kostet 1,80 €. Wie teuer ist eine Schokoladenspitze, die 32 g wiegt?

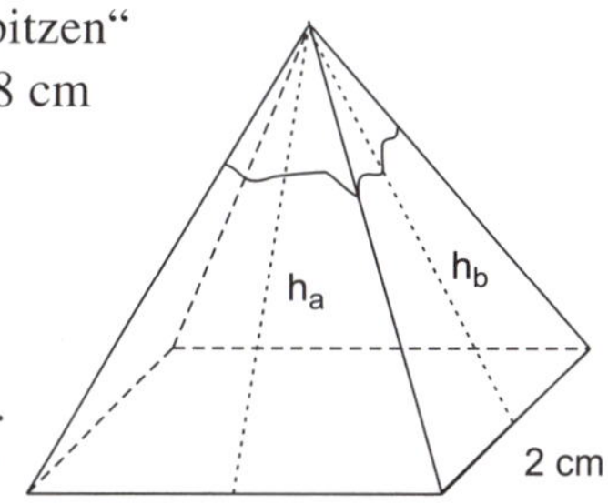

Kegel

Merke

Kegel

Volumen: $V = \frac{1}{3} \cdot A_G \cdot h_k$

$V = \frac{1}{3} \cdot \pi \cdot r^2 \cdot h_k$

Seitenlinie: $s = \sqrt{r^2 + h_k^2}$

Mantelfläche: $A_M = \pi \cdot r \cdot s$

Oberfläche: $A_O = A_G + A_M$

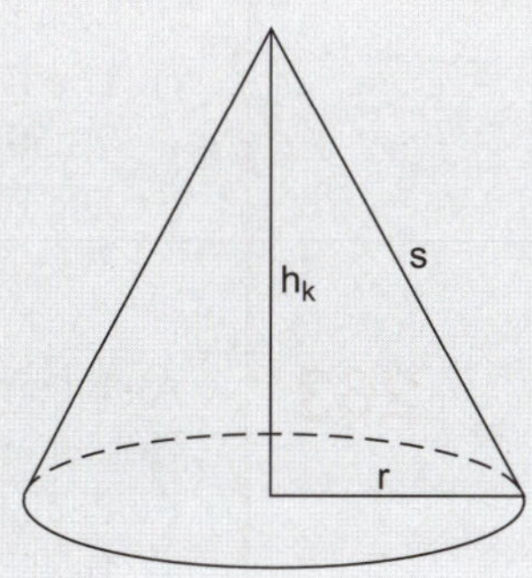

Beispiele

1. Berechne das Volumen eines Kegels mit den Maßen $r = 3$ cm und $h_k = 4$ cm.
Lösung:
$V = \frac{1}{3} \cdot 3{,}14 \cdot (3\text{ cm})^2 \cdot 4\text{ cm}$ $\qquad V = \frac{1}{3} \cdot \pi \cdot r^2 \cdot h_k$
$V = 37{,}68\text{ cm}^3$

2. Wie hoch ist ein Kegel mit einem Volumen von 1 780,38 cm³ und einem Radius von 9 cm?
Lösung:

$$1\,780{,}38\ \text{cm}^3 = \frac{1}{3} \cdot 3{,}14 \cdot (9\ \text{cm})^2 \cdot h_k \qquad V = \frac{1}{3} \cdot \pi \cdot r^2 \cdot h_k$$

$$1\,780{,}38\ \text{cm}^3 = 84{,}78\ \text{cm}^2 \cdot h_k$$

$$21\ \text{cm} = h_k$$

Aufgaben

259 Berechne die fehlenden Werte der Kegel. Runde auf zwei Nachkommastellen.

	Radius r	Höhe h_k	Grundfläche A_G	Volumen V
a)	6,4 cm	12,8 cm		
b)	6,7 dm	5,86 dm		
c)		1,85 dm		9,12 dm³
d)			1,35 m²	14,87 m³

260 Der Umfang eines kegelförmigen aufgeschütteten Sandhaufens beträgt 54,6 m, sein Volumen 148,75 m³.
Welche Höhe hat der Sandhaufen?

261 Ein Würfel aus Blei (a = 8 cm) wird eingeschmolzen. Aus der Schmelze wird ein Kegel (r = 4 cm) gegossen.
Berechne die Höhe des Kegels.

262 Ein kegelförmiges Dach wird renoviert.

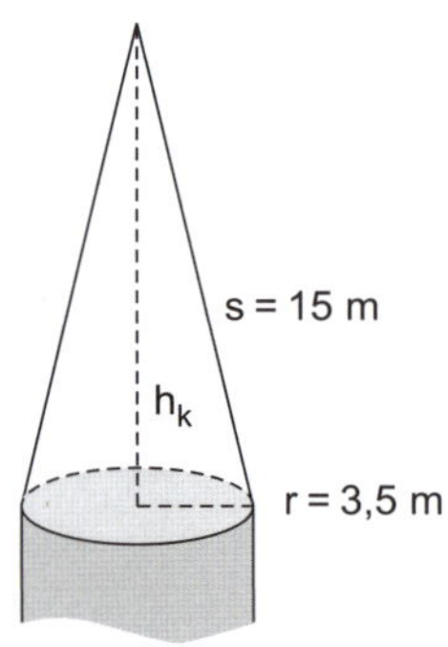

a) Wie groß ist die Dachfläche?
b) Ein Dachziegel bedeckt 5 dm².
Berechne die Mindestanzahl der Ziegel.
c) Zeige, dass die Körperhöhe $h_k \approx 14{,}59$ m beträgt.
d) Berechne das Volumen des Kegeldachs.
e) Eine Dachrinne wird angebaut.
Wie lang ist die Rinne?
f) Die Dachrinne kostet pro Meter inklusive Montage 22,50 € (zzgl. 19 % MwSt.).
Die Firma gewährt auf den Endpreis 3 % Skonto.
Wie viel kostet die Dachrinne inklusive Montage?

263 An einem Eisstand kann zwischen den zwei Hörnchen Maxi und Mini gewählt werden. Beide haben annähernd die Form eines Kegels.

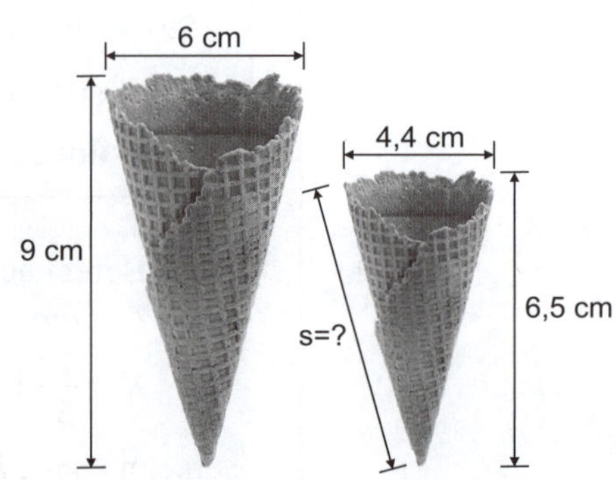

a) Berechne das Volumen beider Hörnchen.
b) Um wie viel Prozent ist das Fassungsvermögen des Mini-Hörnchens kleiner als das des Maxi-Hörnchens?
c) Wie lang ist beim Mini-Hörnchen die Seitenlinie s?
d) Berechne die Waffelfläche des Mini-Hörnchens.

Berechnungen an zusammengesetzten Körpern

Aufgaben

264

Berechne den Rauminhalt der skizzierten Körper.

a) 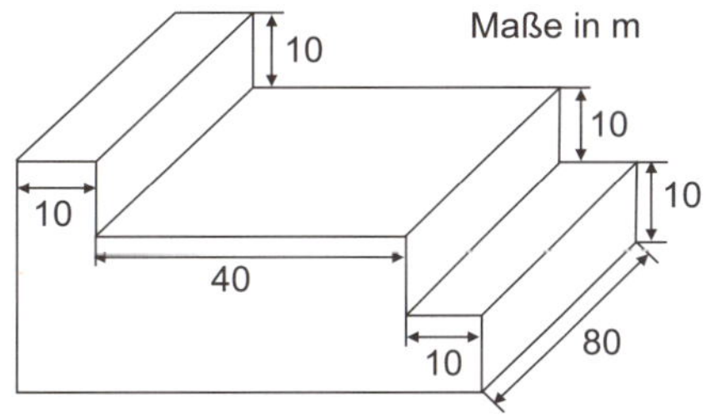

b) 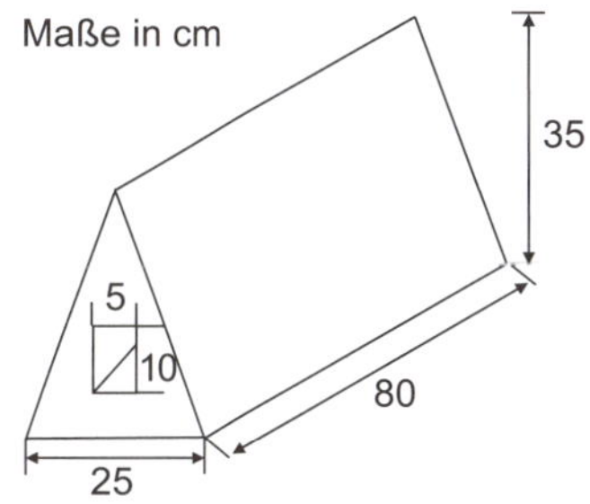

c) 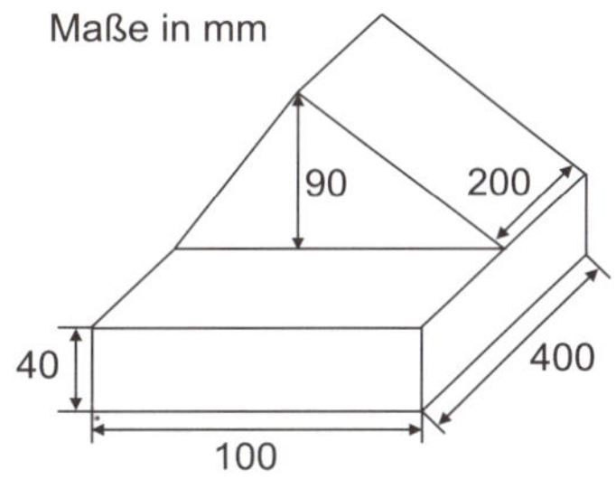

d) 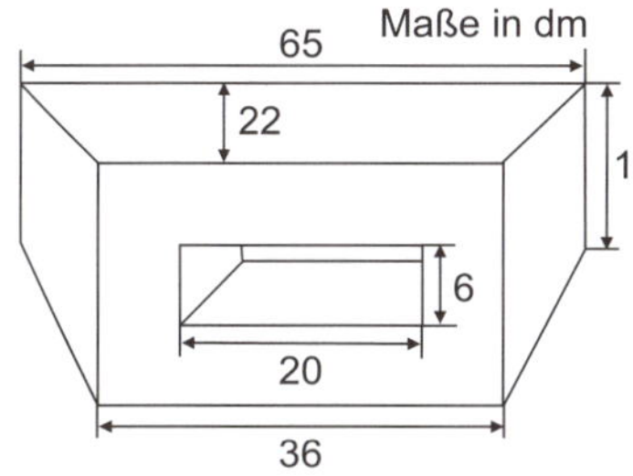

265

In einen 180 mm langen, 60 mm breiten und 50 mm hohen quaderförmigen Stahlblock werden an allen vier Längsseiten gleich große Rillen gefräst.
Den Querschnitt des bearbeiteten Werkstückes zeigt nebenstehende Skizze (Maße in mm).

a) Berechne das Volumen des Stahlkörpers nach dem Fräsvorgang. Gib in cm^3 an.
b) Um wie viel Gramm wurde der Körper durch die Bearbeitung leichter, wenn 1 dm^3 Stahl 7,2 kg wiegt?

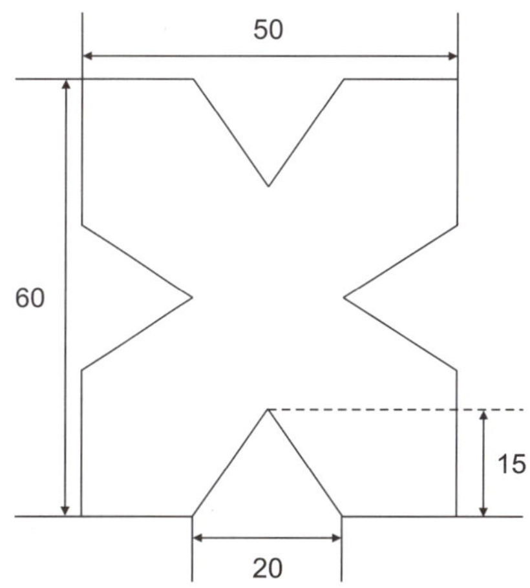

266

Ein Container, in dem Altglas zur Wiederverwertung gesammelt wird, hat folgende Maße (Maße in cm):

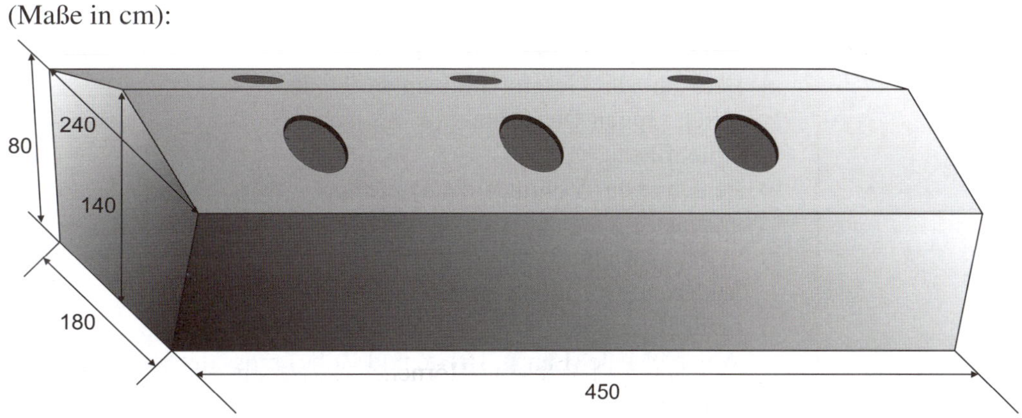

Berechne das Fassungsvermögen des Containers, wenn dieses 70 % des Gesamtvolumens beträgt. Gib in m^3 an.

267 Leo kauft für Silvester eine Rakete.

a) Das Volumen des Zylinders beträgt 152 cm^3.
Wie hoch ist der Zylinder der Silvesterrakete?

b) Das Kegelvolumen beträgt 35,47 cm^3.
Wie hoch ist die gesamte Rakete?

c) Berechne den Radius der Grundfläche.

d) Berechne den Umfang des Zylinders.

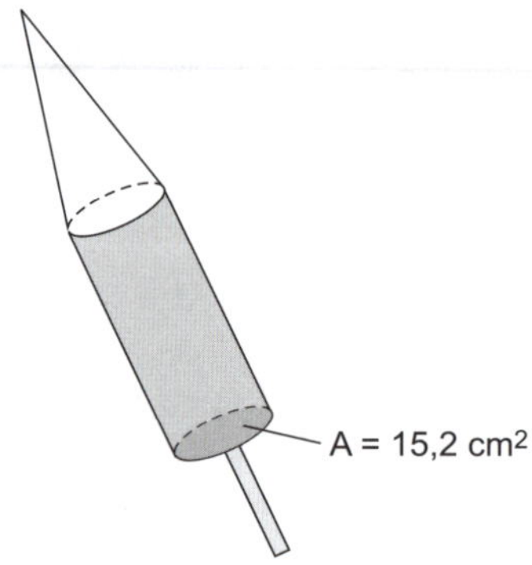

268 In Latrop soll eine neue Kirche gebaut werden.

a) Berechne das Volumen des Kirchturms und der Kirchturmspitze.
Die quadratische Grundfläche des Turms hat eine Größe von 49 m^2.

b) Wie groß ist der Rauminhalt des Kirchenschiffs (Quader und Dreiecksprisma)?

c) Wie hoch ist das Kirchenschiff?

d) Wie lang ist eine Seite der Grundfläche des Kirchturms?

e) Zeichne den Grundriss der Kirche in einem geeigneten Maßstab und berechne den Umfang.

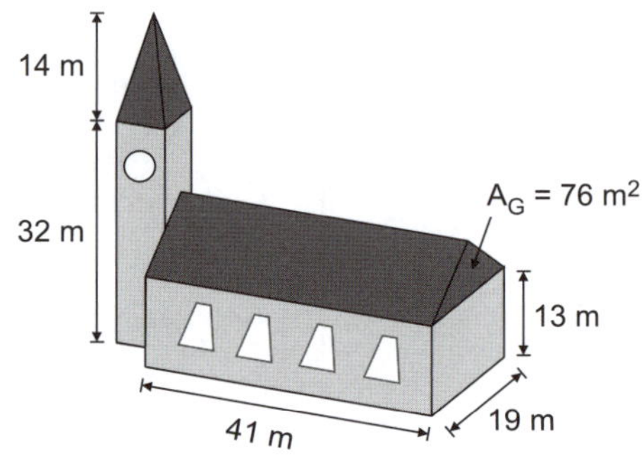

269 In Hamburg legt das Containerschiff MSC Kirsten an.

a) Wie groß ist der Laderaum des Containerschiffs unter Deck?

b) Wie lang ist die Reling, wenn das Schiff an der vorderen oberen Kante 20 m breit ist?

c) Das Deck wird von Matrosen geschrubbt.
Wie viel m^2 müssen sie schrubben, wenn das Führerhäuschen eine Fläche von 224 m^2 hat und nicht gesäubert wird?

d) Drei Matrosen brauchen für diese Arbeit neun Stunden.
Wie lange müssen vier Matrosen arbeiten?

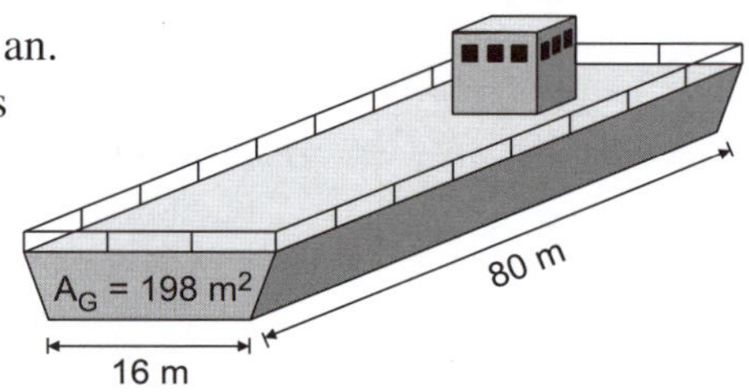

270 Marcel stellt Bauklötze übereinander.

a) Berechne das Gesamtvolumen der beiden gleich großen Quader mit quadratischer Grundfläche.

b) Berechne das Volumen des Dreiecksprismas.

c) Marcel schiebt einen Klotz zwischen die Säulen, der an allen Seiten bündig abschließt.
Welche Maße (Länge, Breite und Höhe) muss der Klotz haben?

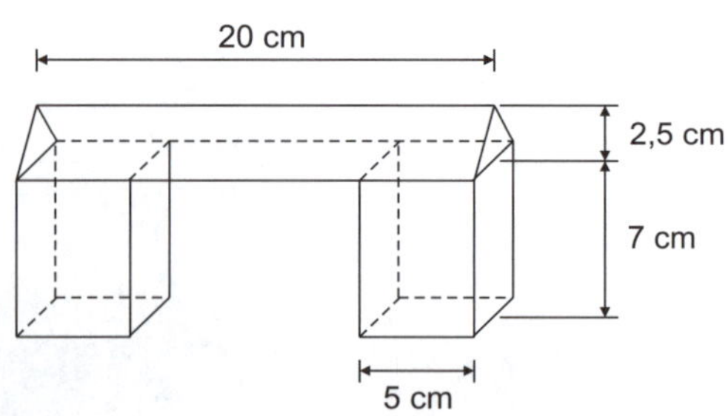

9 Winkel

Winkelarten

Merke

> **Winkel**
> - Zwei **Halbgeraden (Schenkel)** mit einem gemeinsamen **Scheitelpunkt S** begrenzen einen Winkel.
> - Winkel werden in **Grad** gemessen und ihre Drehrichtung ist **gegen den Uhrzeigersinn** gerichtet.

Beispiele

1. Zeichne einen 60°-Winkel und beschrifte ihn vollständig.
   Lösung:

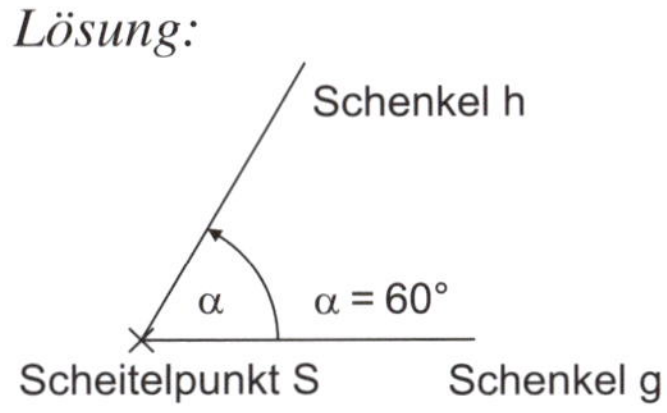

Winkel werden meist mit kleinen griechischen Buchstaben (α, β, γ, …) bezeichnet.

2. Winkelarten:

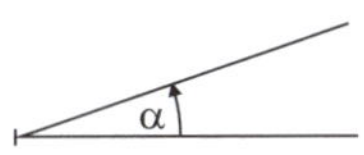

Spitzer Winkel
$\alpha < 90°$

Rechter Winkel
$\beta = 90°$

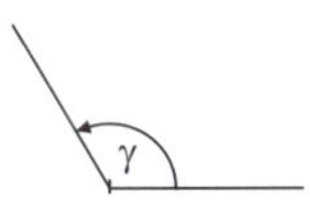

Stumpfer Winkel
$90° < \gamma < 180°$

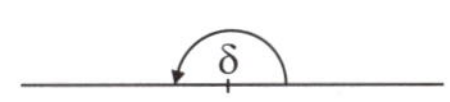

Gestreckter Winkel
$\delta = 180°$

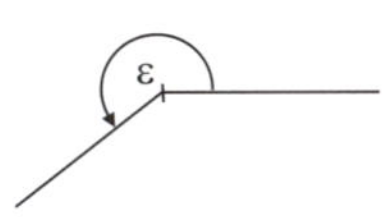

Überstumpfer Winkel
$180° < \varepsilon < 360°$

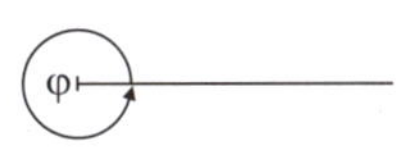

Vollwinkel
$\varphi = 360°$

Aufgaben

271 Zeichne folgende Winkel und benenne jeweils die Winkelart.

a) $\alpha = 156°$ b) $\beta = 235°$
c) $\gamma = 310°$ d) $\delta = 88°$

272 Miss die Winkel und benenne die Winkelart. Verlängere dazu jeweils die Seiten.

a)

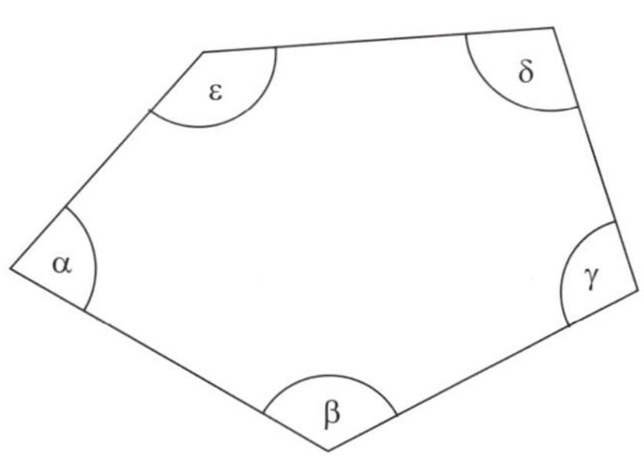

b)

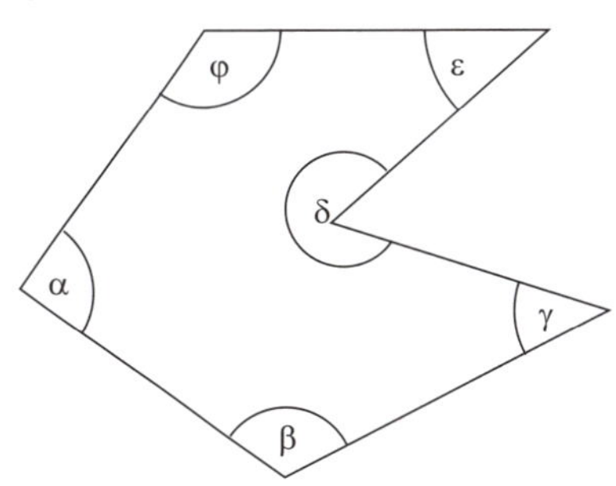

Winkel an sich schneidenden Geraden

Merke

Scheitelwinkel und Nebenwinkel

Für zwei sich schneidende Geraden gilt:

- Winkel, die sich gegenüberliegen, nennt man **Scheitelwinkel**. Scheitelwinkel sind gleich groß.
- Winkel, die nebeneinanderliegen, nennt man **Nebenwinkel**. Winkel und Nebenwinkel ergeben zusammen 180°.

Beispiel

Zeichne zwei Geraden, die sich unter einem Winkel von 41° schneiden. Bestimme die restlichen Winkel an der Geradenkreuzung.

Lösung:

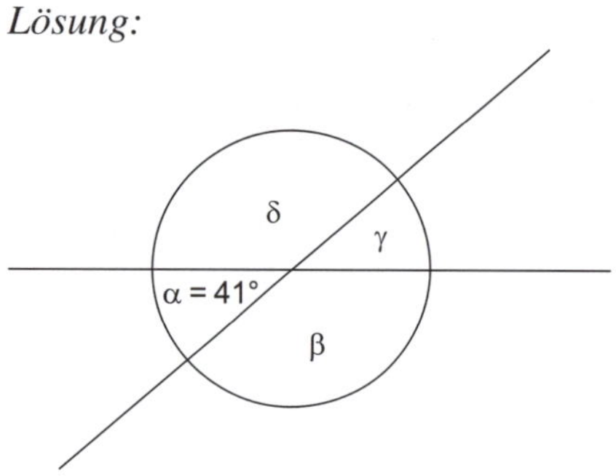

α und β sind Nebenwinkel:

$\alpha + \beta = 180°$

$41° + \beta = 180° \quad | -41°$

$\beta = 139°$

α und γ sind Scheitelwinkel:

$\alpha = \gamma = 41°$

β und δ sind Scheitelwinkel:

$\beta = \delta = 139°$

Merke

Stufen- und Wechselwinkel an geschnittenen Parallelen

Wenn sich zwei parallele Geraden mit einer dritten schneiden, entstehen Stufen- und Wechselwinkel.

- **Stufenwinkel** öffnen sich in dieselbe Richtung und sind gleich groß.
- **Wechselwinkel** öffnen sich in die entgegengesetzte Richtung und sind gleich groß.

Beispiel

Gib jeweils Stufen- und Wechselwinkel an.

Lösung:

Stufenwinkel:	Wechselwinkel:
α und α_1	γ und α_1
β und β_1	δ und β_1
γ und γ_1	α und γ_1
δ und δ_1	β und δ_1

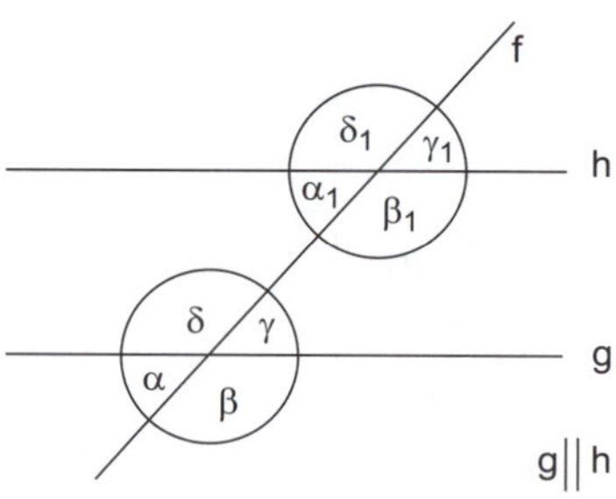

Aufgaben

273 Zeichne zwei sich schneidende Geraden. Benenne die entstandenen Winkel mit α, β, γ, δ.

a) Gib die Nebenwinkel von α an.

b) Gib alle Scheitelwinkel an.

274 Zwei Geraden schneiden sich unter einem Winkel von

a) 30° b) 46°

c) 90° d) 55°

Zeichne jeweils die Geraden und bestimme die anderen Winkel an der Geradenkreuzung.

275 Markiere zusammengehörige Wechselwinkel in derselben Farbe.

a)

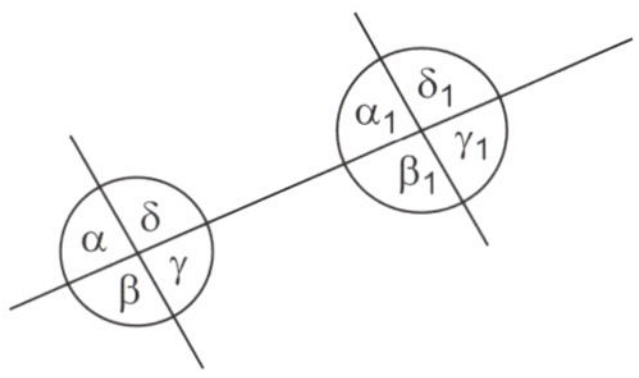

b)

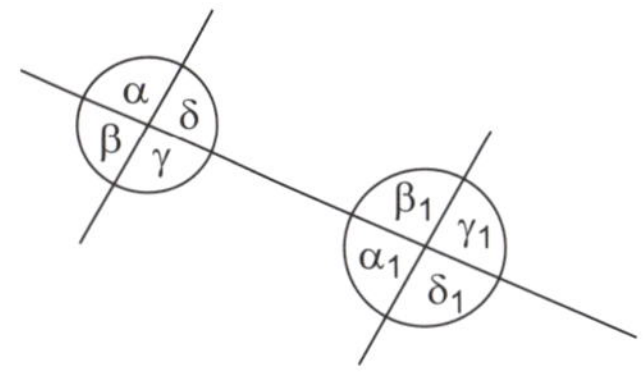

276 Bestimme alle Winkel am Parallelogramm und am gleichschenkligen Trapez.

a) $\gamma_3 = 70°$

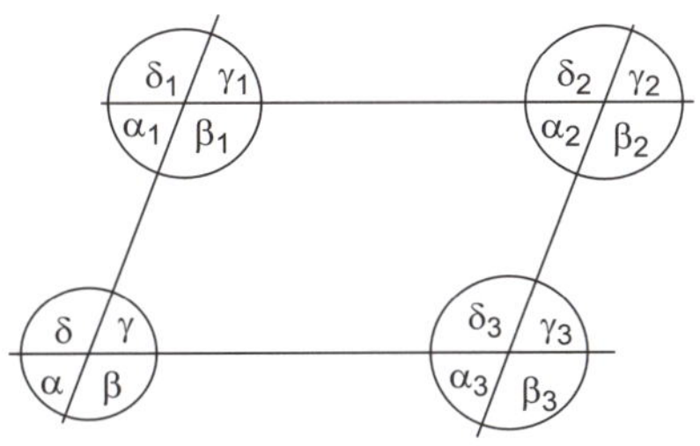

b) $\gamma = 65°$

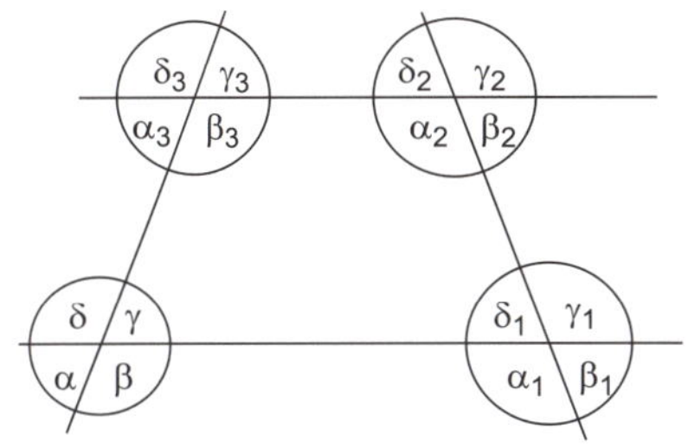

Winkelsumme im Dreieck und im Viereck

Merke

Winkelsumme im Dreieck
In jedem Dreieck beträgt die Summe aller Innenwinkel 180°.

Beispiele

Berechne in einem Dreieck mit $\alpha = 42°$ und $\beta = 108°$ den Winkel γ.

Lösung:

$$42° + 108° + \gamma = 180° \qquad \alpha + \beta + \gamma = 180°$$
$$150° + \gamma = 180° \qquad | -150°$$
$$\gamma = 30°$$

Aufgabe

277 Berechne die fehlenden Winkel.

a)

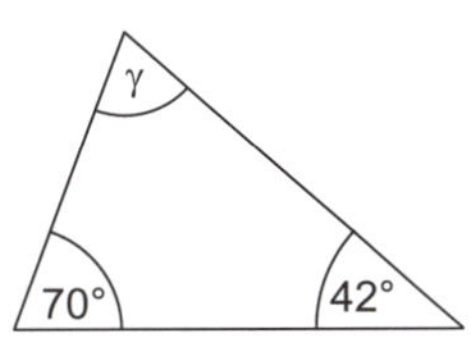

b)

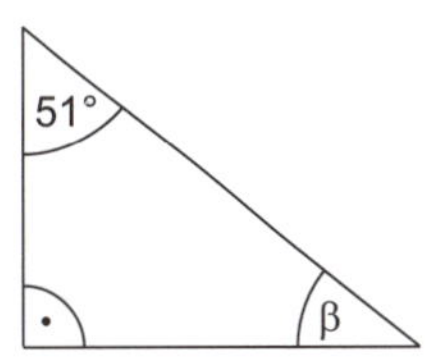

c)

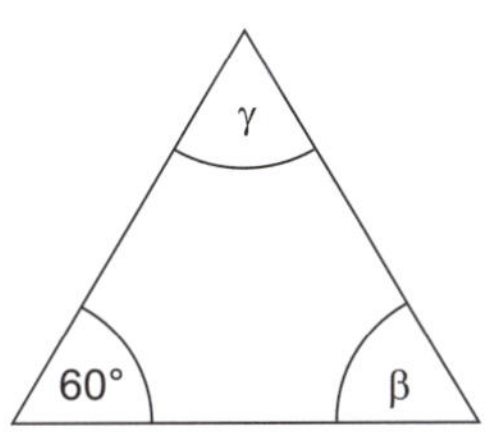

d)

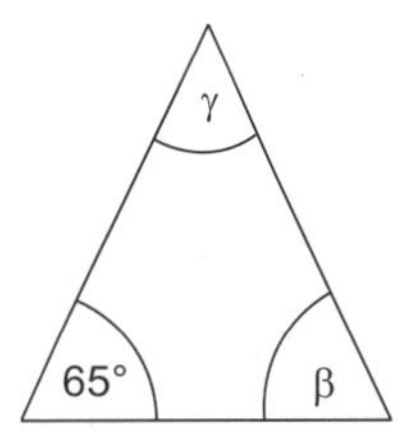

Merke

Winkelsumme im Viereck
In jedem Viereck beträgt die Summe aller Innenwinkel 360°.

Beispiel

Berechne γ.
Lösung:

$$\alpha + \beta + \gamma + \delta = 360°$$
$$46° + 88° + \gamma + 104° = 360°$$
$$\gamma + 238° = 360° \quad | -238°$$
$$\gamma = 122°$$

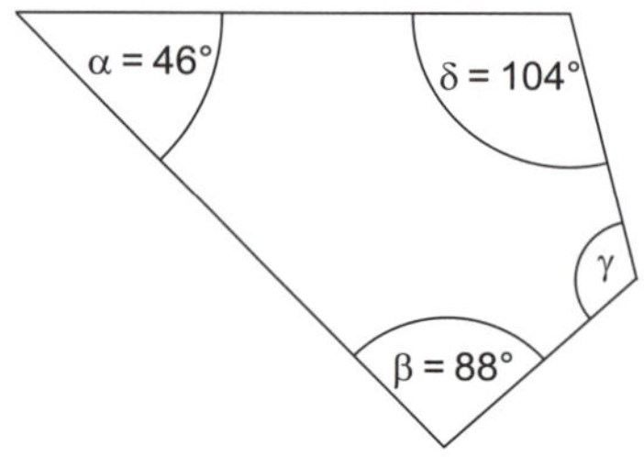

Aufgaben

278 Berechne die fehlenden Winkel in folgenden Vierecken:

	α	β	γ	δ
a)	56°	101°	87°	
b)	42°		109°	77°
c)		66°	108°	101°
d)	75°	108°	64°	

279 Stelle eine Gleichung auf und berechne die Winkel.

a)

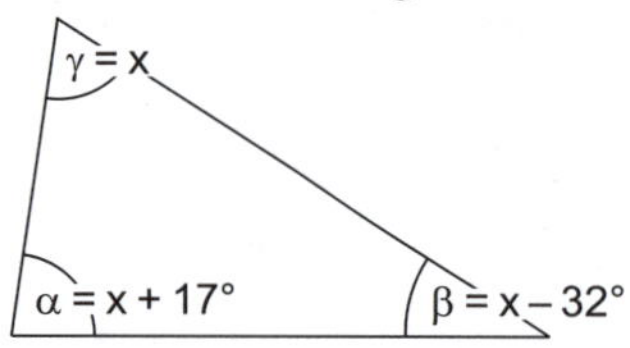

b)

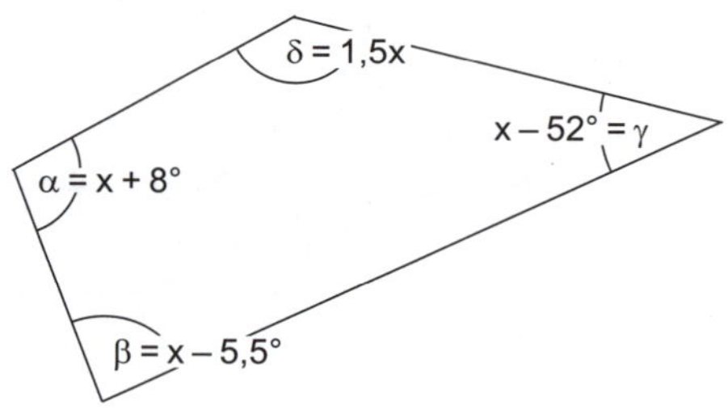

280 Berechne die fehlenden Winkel.

a)

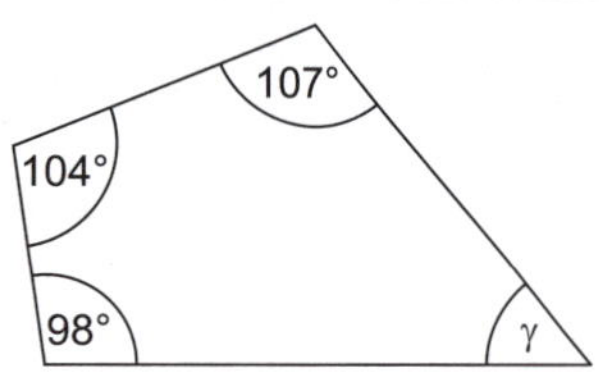

b)

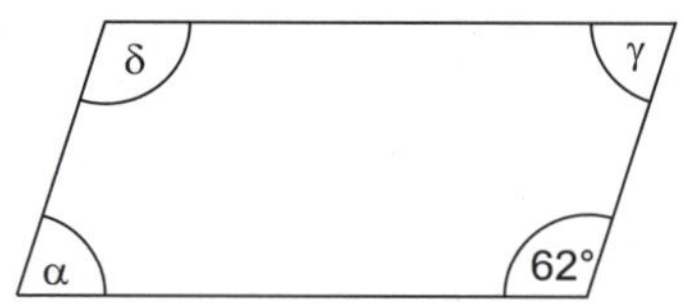

c)

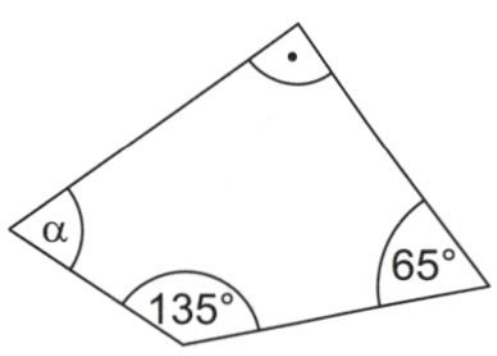

d)

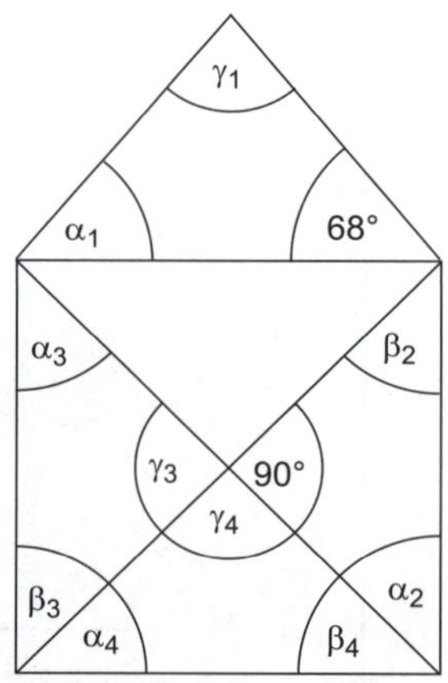

e)

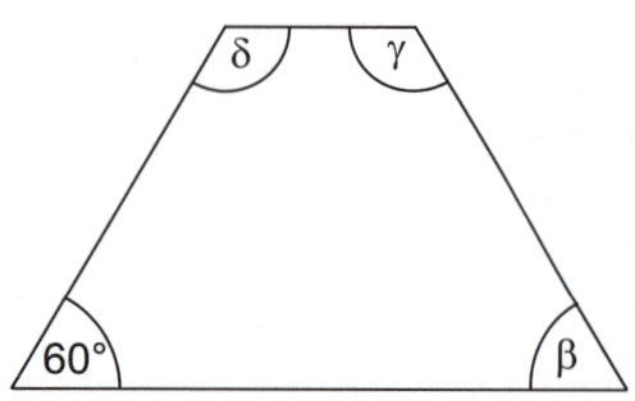

10 Geometrisches Zeichnen

Darstellung von Körpern

Merke

Körpernetze
Das Netz eines Körpers ist eine **zweidimensionale Darstellung** seiner Oberfläche, die man sich längs der Kanten aufgeschnitten und in die Ebene ausgebreitet vorstellt.

Beispiele

1. Berechne anhand des abgebildeten Netzes den Oberflächeninhalt des Würfels.

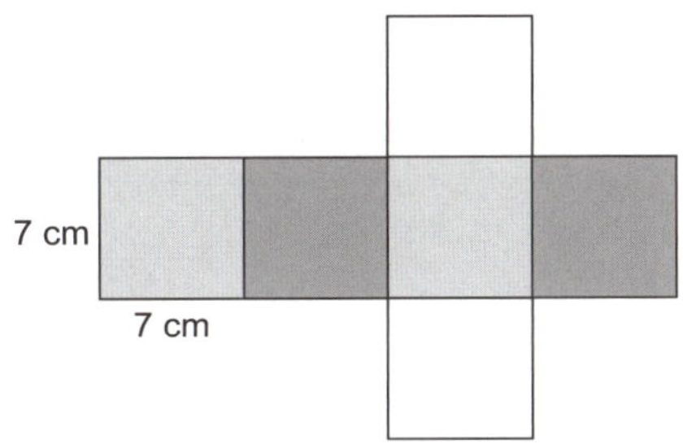

Lösung:
$A_O = 6 \cdot (7\text{ cm})^2$
$A_O = 294\text{ cm}^2$

$A_O = 6 \cdot a^2$

2. Zeichne das Netz eines Quaders mit den Kanten a = 1,5 cm, b = 1 cm und c = 2 cm und beschrifte es.
Lösung:

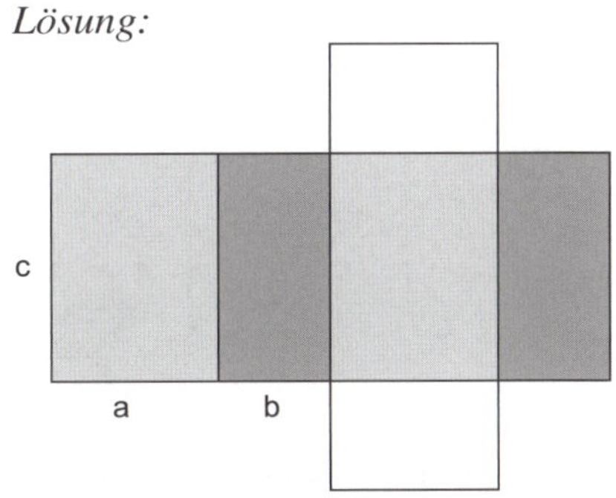

Das Netz eines Quaders besteht aus sechs Flächen, von denen je zwei gleich groß sind.
Die Flächen müssen so angeordnet werden, dass sich die gleichen Flächen beim Zusammenfalten gegenüberliegen.
Es gibt verschiedene Möglichkeiten, ein Netz zu zeichnen.

3. Kennzeichne in dem abgebildeten Netz eines Dreiecksprismas die Mantelfläche, die Höhe sowie die beiden Grundflächen.
Lösung:

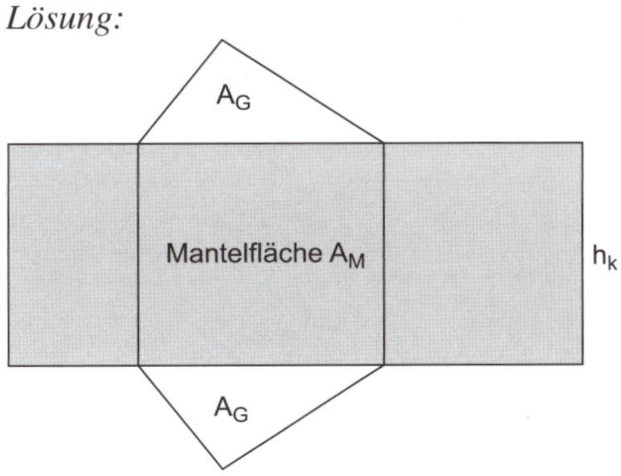

Aufgaben

281 Die Summe der Augenzahlen auf den gegenüberliegenden Seiten eines Spielwürfels ergibt immer 7.

a) Überprüfe, ob diese Forderung bei folgenden Würfelnetzen erfüllt ist.

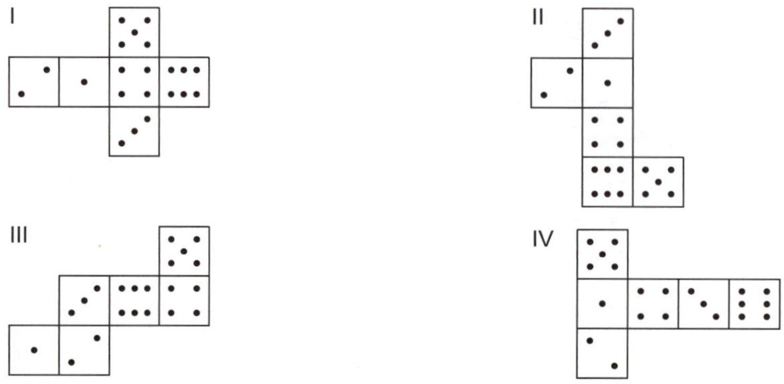

b) Übertrage die Netze in dein Heft und ergänze sie.

282 Zeichne die Netze der Quader in Originalgröße.
Kennzeichne in den Quadernetzen gegenüberliegende Flächen in der gleichen Farbe.

a)

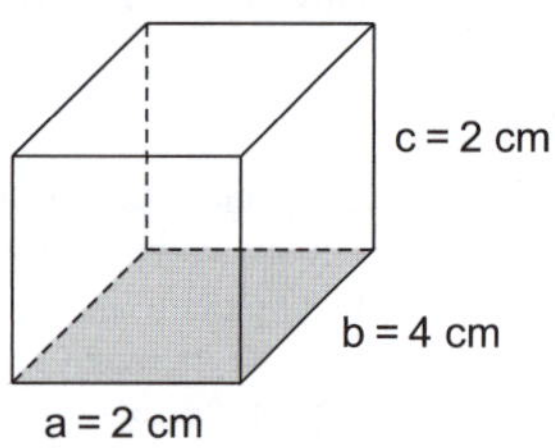

b)

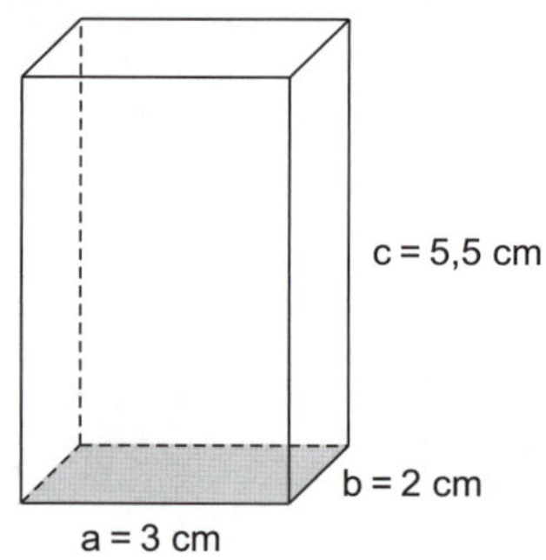

283 Berechne jeweils den Flächeninhalt des Mantels.

a)

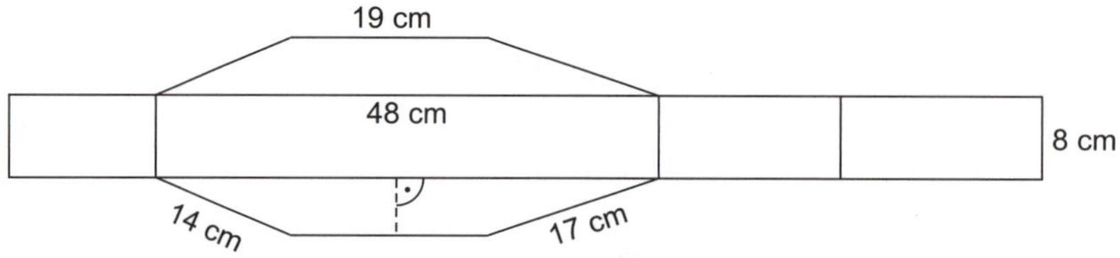

b)

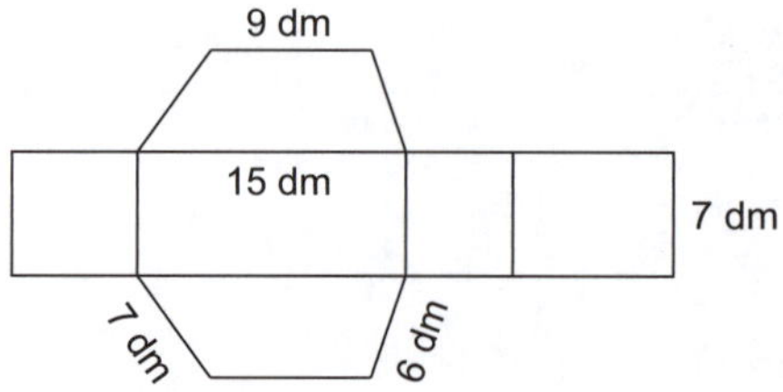

284 Übertrage die folgenden Netze von Dreiecksprismen in dein Heft und ergänze sie. Schraffiere jeweils die Grundflächen A_G und markiere die Kanten, die sich beim Zusammenfalten treffen, in der gleichen Farbe.

a)

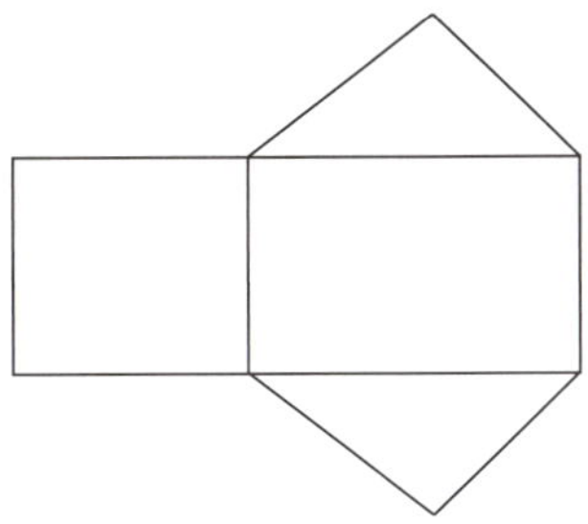

b)

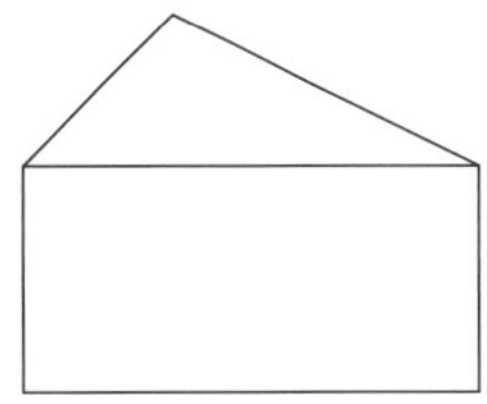

c)

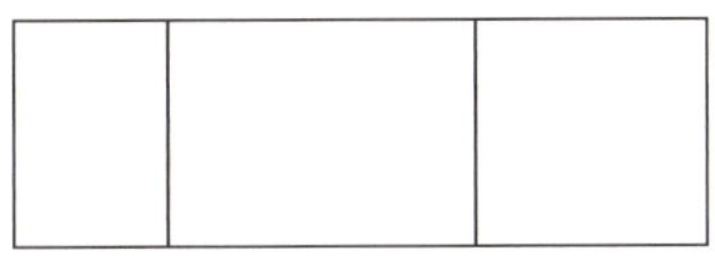

d)

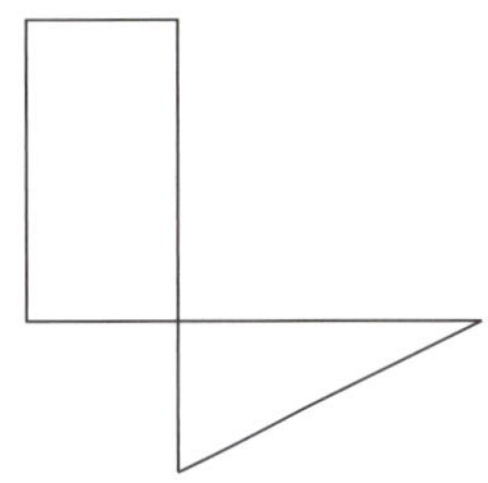

285 Berechne jeweils die Länge der Diagonalen der Quadernetze.
Berechne dann das Volumen der Quader.

a)

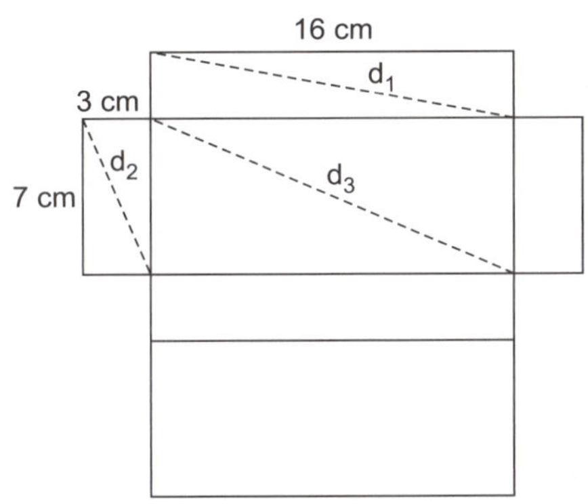

b)

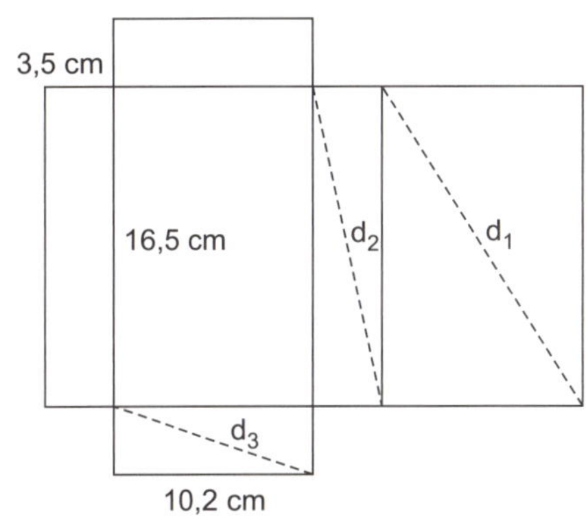

286 Peter stellt im Technikunterricht eine trapezförmige Blechschale her. Dazu stanzt er aus einem Stück Blech nebenstehendes Netz aus.

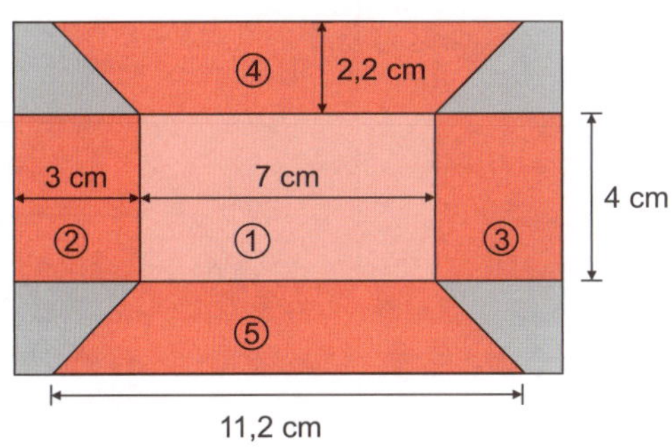

a) Berechne die Fläche des Netzes.
b) Wie viel Prozent des Blechs wird nicht verwendet?

Peter bereitet die Schale für den Zusammenbau vor und biegt die beiden rechteckigen Flächen 2 und 3 vollständig nach innen.

c) Zeichne das Rechteck 1 mit den beiden umgeklappten Seitenflächen in Originalgröße.
d) Wie viel Prozent der Fläche 1 bedecken die umgeklappten Flächen?
e) Berechne das Volumen der fertigen Blechschale.

Merke

Schrägbilder

Mit einem Schrägbild kannst du einen Körper anschaulich darstellen.

- Alle Strecken, die parallel zur Zeichenebene liegen, werden in **wahrer Länge** gezeichnet.
- Schräg nach hinten laufende Kanten werden unter einem **Winkel von 45°** gezeichnet. Zudem werden diese Kanten **um die Hälfte verkürzt**.
- Verdeckte Kanten werden durch eine **gestrichelte Linie** dargestellt.

Beispiele

1. Zeichne das Schrägbild eines Quaders mit den Maßen a = 3 cm, b = 1,5 cm und c = 1 cm.

Lösung:

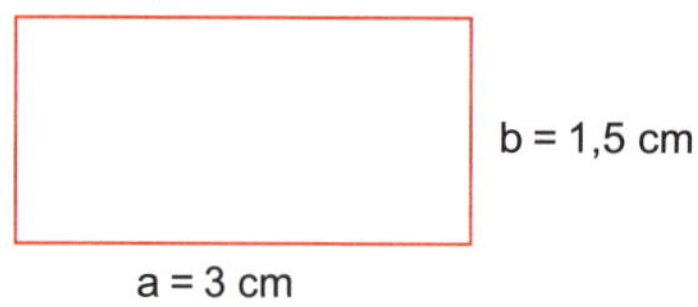

Zeichne zuerst die vordere Seite des Quaders.

Zeichne nach hinten verlaufenden Kanten unter einem Winkel von 45° und um die Hälfte verkürzt.

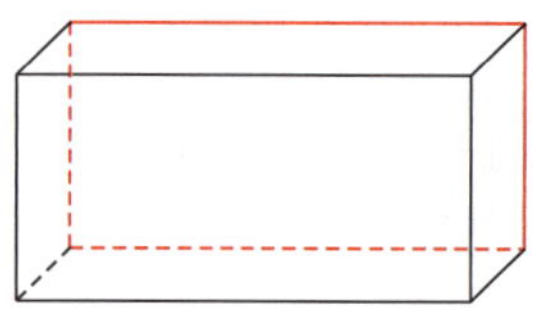

Verbinde die Streckenenden.
Achte darauf, verdeckte Kanten zu stricheln.

2. Zeichne die quadratische Pyramide mit a = 2,6 cm und h_k = 2 cm im Schrägbild.

Lösung:

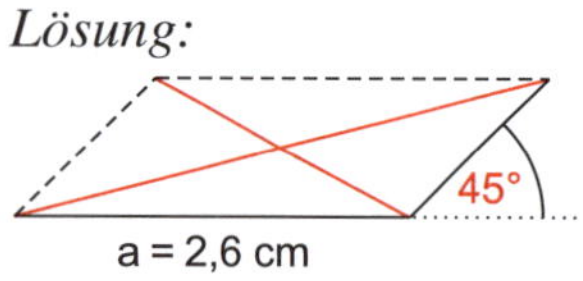

Beginne mit der Grundfläche und zeichne die Diagonalen als Hilfslinien ein.

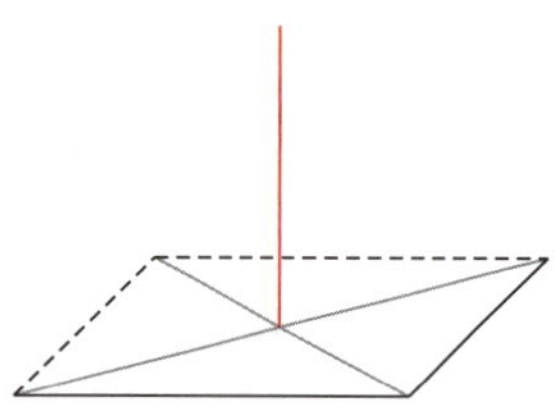

Errichte die Körperhöhe h_k am Schnittpunkt der Diagonalen.

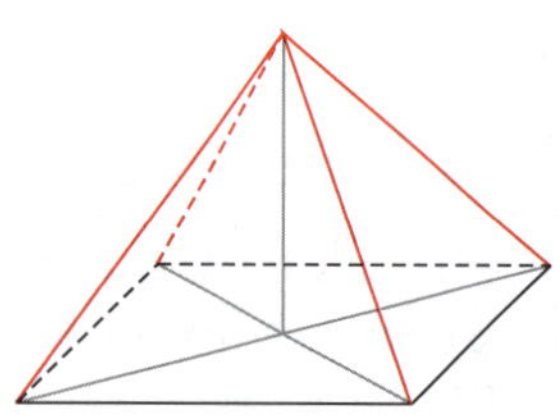

Verbinde den Endpunkt von h_k mit den Ecken.

3. Zeichne die Schrägbilder eines Zylinders und eines Kegels.
Lösung:

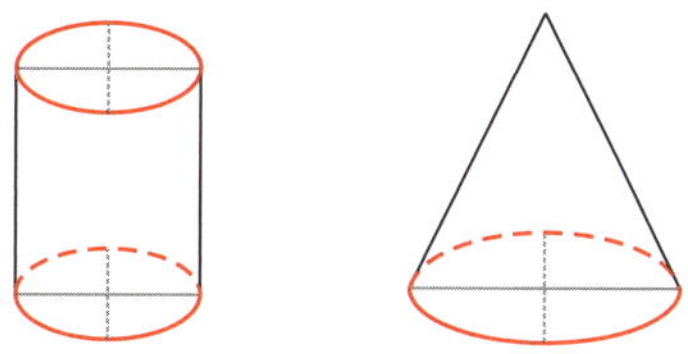

Bei runden Körpern werden Grund- und Deckflächen nur skizziert.

Trage den halben Durchmesser senkrecht zum anderen Durchmesser ein, um die Grund- bzw. Deckfläche zu skizzieren.

Aufgaben

287 Bestimme die Anzahl der Ecken, Flächen und Kanten.

a)

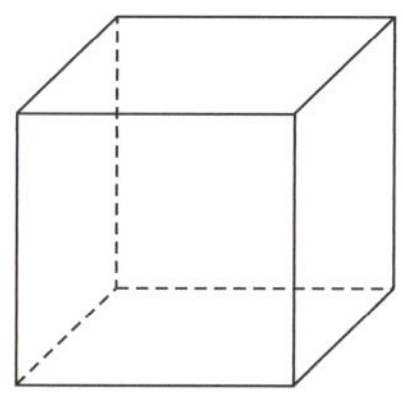

b)

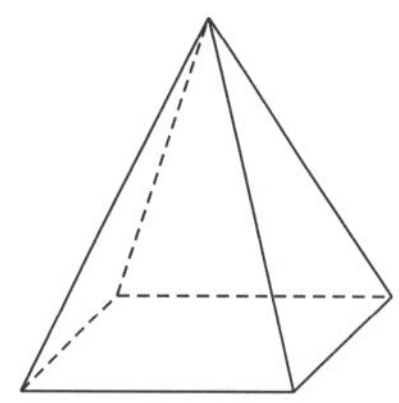

c)

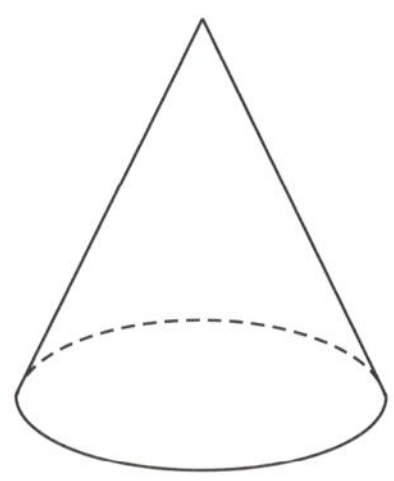

d)

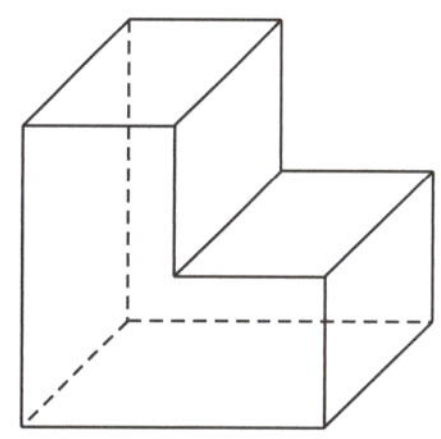

288 Zeichne die Schrägbilder der Körper in Originalgröße (angegebene Maße in cm).

a)

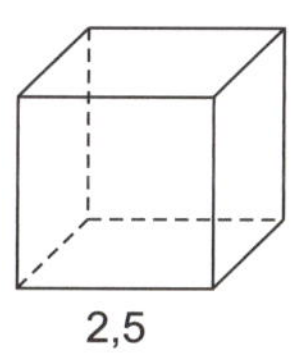

b)

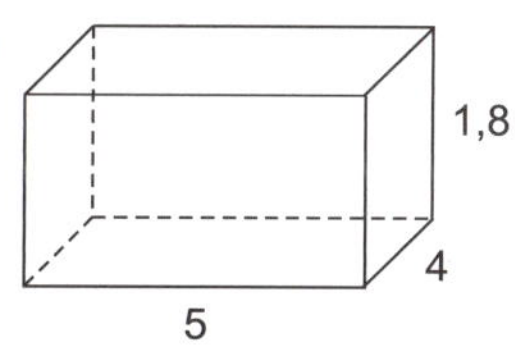

c)

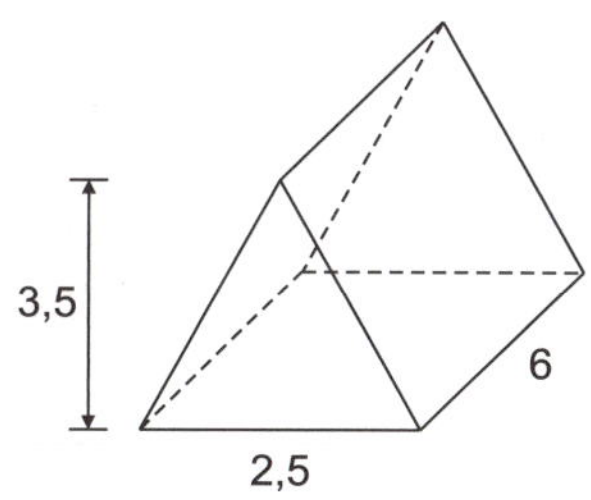

d)

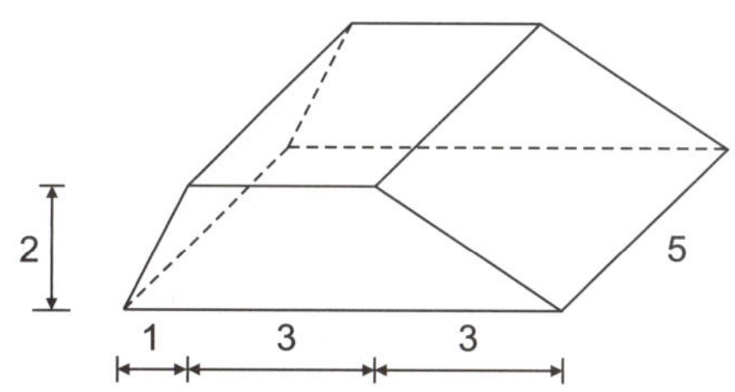

289 Zeichne von folgenden Zylindern ein Schrägbild.
a) $d = 4$ cm; $h_k = 5,5$ cm
b) $d = 25$ mm; $h_k = 40$ mm

290 Fertige von folgenden Kegeln ein Schrägbild an.
a) $d = 5$ cm; $h_k = 7$ cm
b) $r = 3$ cm; $h_k = 6,2$ cm

291 Zeichne das Schrägbild folgender quadratischer Pyramiden.
a) $a = 5$ cm; $h_k = 6$ cm
b) $a = 30$ mm; $h_k = 7$ cm

Maßstab

Merke

> **Maßstäbliches Vergrößern und Verkleinern**
> - Beim maßstäblichen Vergrößern oder Verkleinern werden alle Streckenlängen um das gleiche Maß vergrößert oder verkleinert.
> - Der Maßstab gibt das Maß der Vergrößerung bzw. Verkleinerung an.

Beispiel

Zeichne das Quadernetz mit a = 1,5 cm, b = 1 cm und c = 2 cm in den Maßstäben 1 : 1, 2 : 1 und 1 : 2.

Lösung:

Maßstab **1 : 1** heißt Originalgröße.

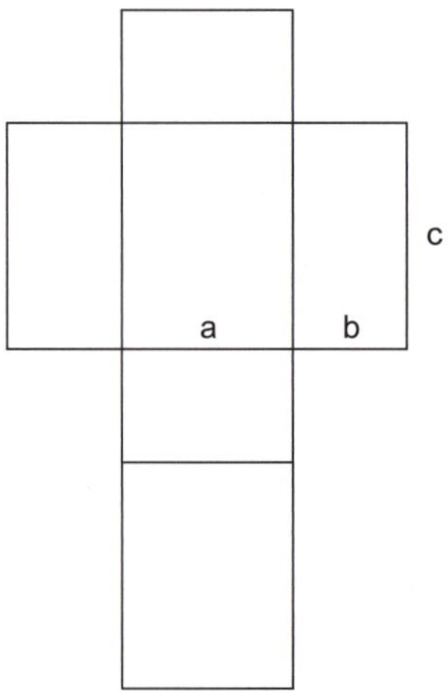

Maßstab **2 : 1** heißt vergrößern.

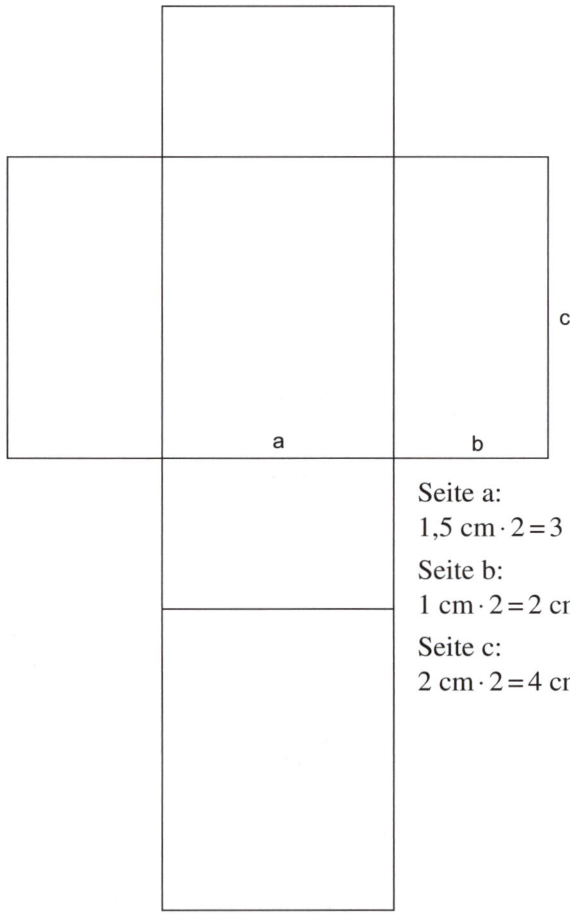

Seite a:
1,5 cm · 2 = 3 cm
Seite b:
1 cm · 2 = 2 cm
Seite c:
2 cm · 2 = 4 cm

Maßstab **1 : 2** heißt verkleinern.

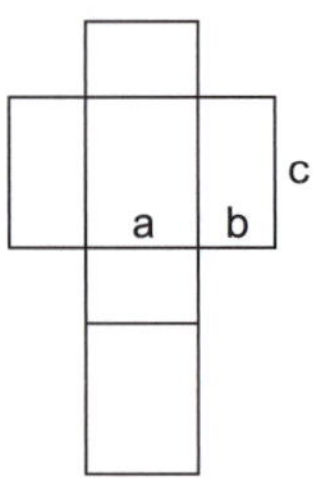

Seite a: 1,5 cm : 2 = 0,75 cm
Seite b: 1 cm : 2 = 0,5 cm
Seite c: 2 cm : 2 = 1 cm

Aufgabe 292

Zeichne die Netze jeweils im Maßstab 2 : 1.

a) a = 1 cm; b = 1,6 cm; c = 1,9 cm; h_k = 1 cm

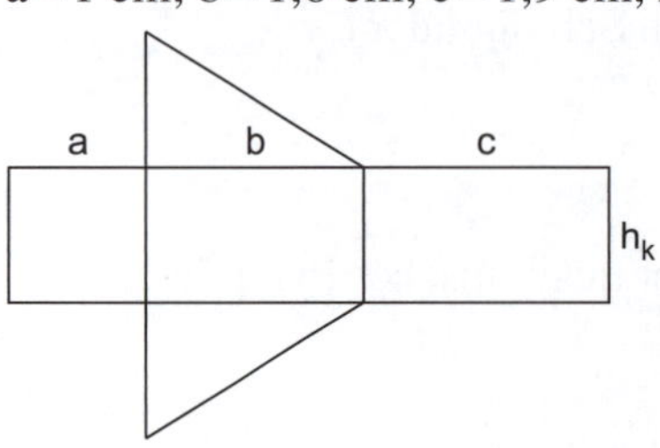

b) a = 0,6 cm; b = 1,2 cm; c = 1,0 cm

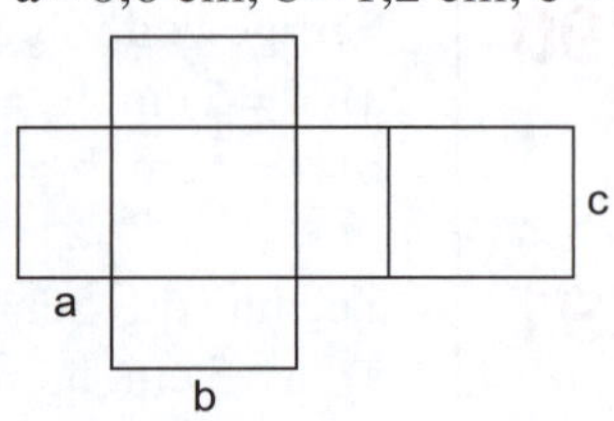

Konstruktionen

Merke

Dreieckskonstruktionen

Du kannst ein Dreieck eindeutig konstruieren, wenn
- die **drei Dreiecksseiten** gegeben sind (**sss**),
- **zwei Dreiecksseiten** und der von den Seiten **eingeschlossene Winkel** gegeben sind (**sws**),
- **zwei Dreiecksseiten** und der **gegenüberliegende Winkel der größeren Seite** gegeben sind (**SsW**),
- **eine Dreiecksseite** und die **beiden anliegenden Winkel** gegeben sind (**wsw**).

Beispiele

1. Konstruiere das Dreieck ABC mit a = 3 cm, b = 5,6 cm und c = 5 cm.

Lösung:

Planfigur (sss):

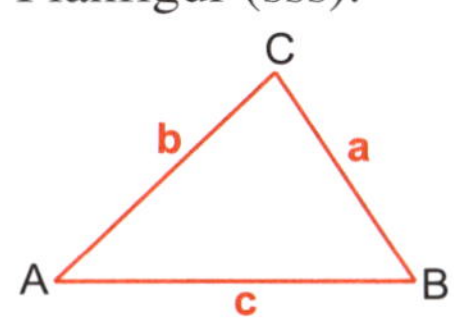

Trage die gegebenen Werte in die Planfigur ein.

Konstruktion:

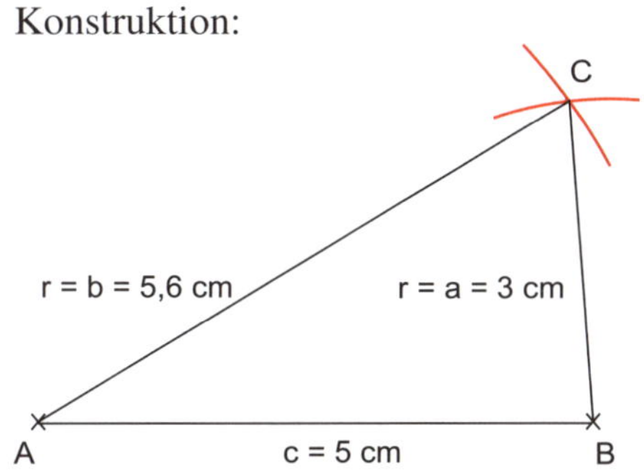

- Zeichne die Strecke $\overline{AB}$ = c = 5 cm. Damit sind die Ecken A und B festgelegt.
- Zeichne einen Kreisbogen um A mit Radius r = b = 5,6 cm.
- Zeichne einen Kreisbogen um B mit Radius r = a = 3 cm.
- Der Schnittpunkt der beiden Kreisbögen ergibt die Ecke C.
- Verbinde A und B mit C.

2. Fertige für die Konstruktion des Dreiecks ABC mit b = 5,5 cm, c = 7 cm und $\alpha = 53°$ eine Planfigur sowie eine Konstruktionsbeschreibung an.

Lösung:

Planfigur (sws):

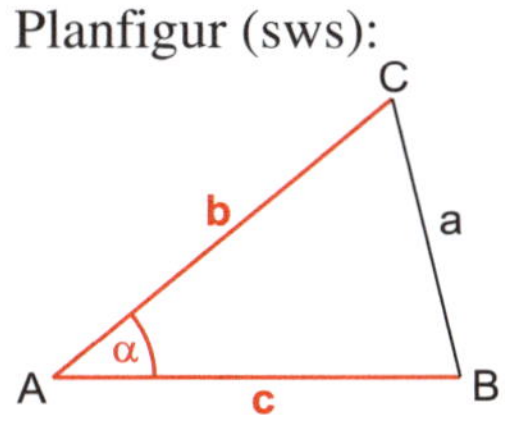

Trage die gegebenen Werte in die Planfigur ein.

Konstruktionsbeschreibung:
- Die Strecke $\overline{AB} = c = 7$ cm zeichnen; damit sind die Ecken A und B festgelegt.
- Den Winkel $\alpha = 53°$ mit dem Geodreieck an den Punkt A antragen.
- Einen Kreisbogen um A mit Radius r = b = 5,5 cm zeichnen.
- Der Schnittpunkt des Kreisbogens mit dem freien Schenkel von α ergibt die Ecke C.
- B mit C verbinden.

3. Konstruiere das Dreieck ABC mit $c = 5$ cm, $b = 4$ cm und $\gamma = 60°$.

Lösung:

Planfigur (SsW):

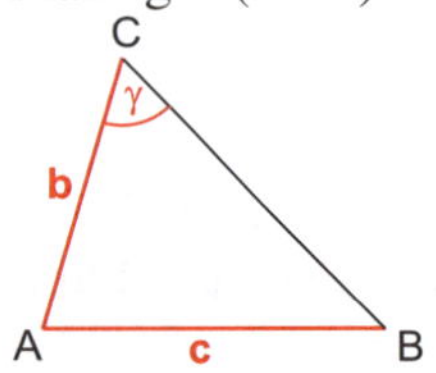

Trage die gegebenen Werte in die Planfigur ein.

Konstruktion:

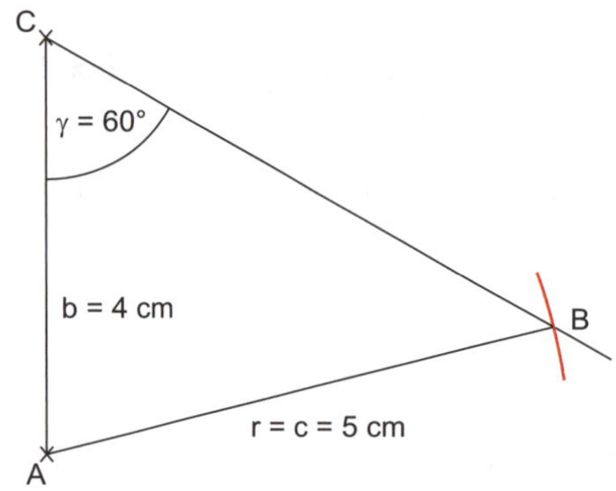

- Beginne bei SsW immer mit der kleineren Seite.
- Zeichne die Strecke $\overline{AC} = b = 4$ cm. Damit sind die Ecken A und C festgelegt.
- Trage den Winkel $\gamma = 60°$ mit dem Geodreieck an Punkt C an.
- Zeichne einen Kreisbogen um A mit Radius $r = c = 5$ cm.
- Der Schnittpunkt des Kreisbogens mit dem freien Schenkel ergibt Ecke B.
- Verbinde A mit B.

4. Fertige für die Konstruktion des Dreiecks ABC mit $\alpha = 41°$, $\beta = 54°$ und $c = 9$ cm eine Planfigur und eine Konstruktionsbeschreibung an.

Lösung:

Planfigur:

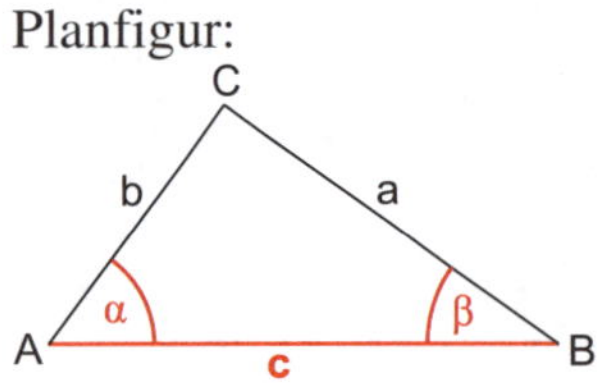

Trage die gegebenen Werte in die Planfigur ein.

Konstruktionsbeschreibung:

- Die Strecke $\overline{AB} = c = 9$ cm zeichnen; damit sind die Ecken A und B festgelegt.
- Den Winkel $\alpha = 41°$ mit dem Geodreieck an Punkt A antragen.
- Den Winkel $\beta = 54°$ mit dem Geodreieck an Punkt B antragen.
- Der Schnittpunkt der beiden freien Schenkel ergibt die Ecke C.

Aufgaben

293 Konstruiere die Dreiecke nach der jeweiligen Planfigur.

a)

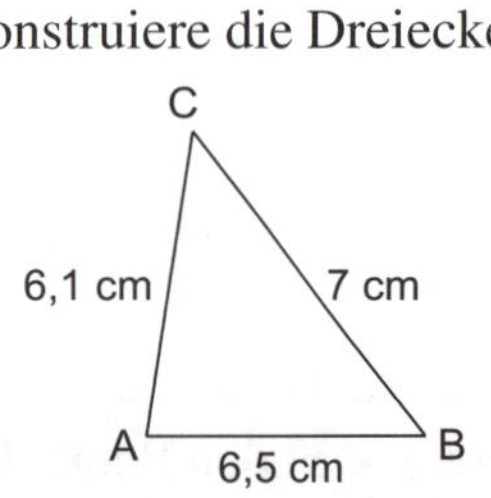

b)

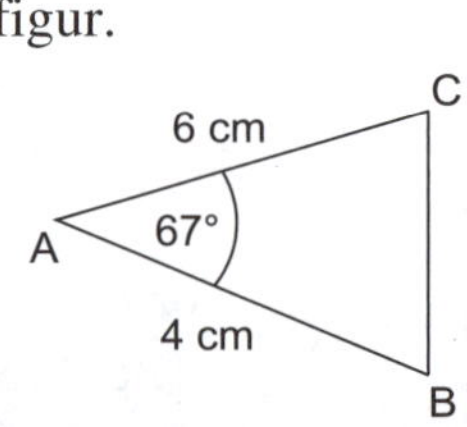

c)

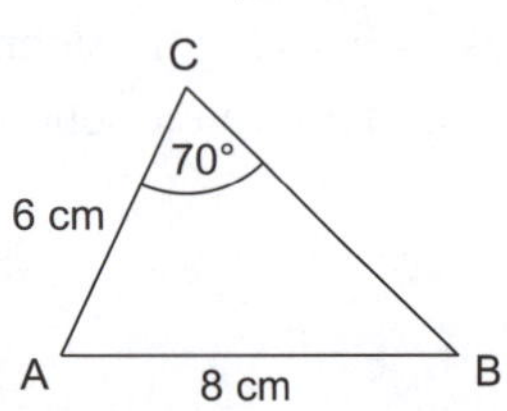

d)

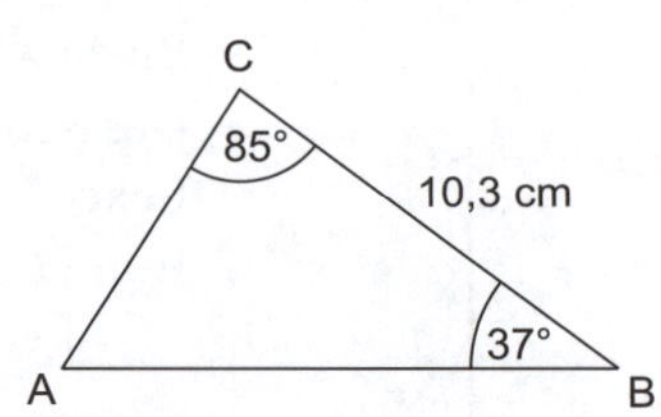

294 Konstruiere jeweils die Dreiecke.

a) $a = 4$ cm; $b = 5$ cm; $c = 6$ cm
b) $a = 8$ cm; $b = 4{,}5$ cm; $c = 10{,}2$ cm
c) $a = 5{,}5$ cm; $b = 4{,}5$ cm; $\gamma = 65°$
d) $a = 4{,}5$ cm; $c = 8$ cm; $\beta = 40°$
e) $c = 6$ cm; $\alpha = 60°$; $\beta = 40°$
f) $a = 5{,}5$ cm; $\beta = 35°$; $\gamma = 65°$

Merke

Winkelhalbierende
Die **Winkelhalbierende w_α** halbiert den Winkel α im Scheitel des Winkels.
Die Winkelhalbierende ist auch **Symmetrieachse des Winkels α**.

Beispiele

1. Zeichne einen spitzen Winkel α und halbiere ihn **mit Zirkel und Lineal**.
Lösung:

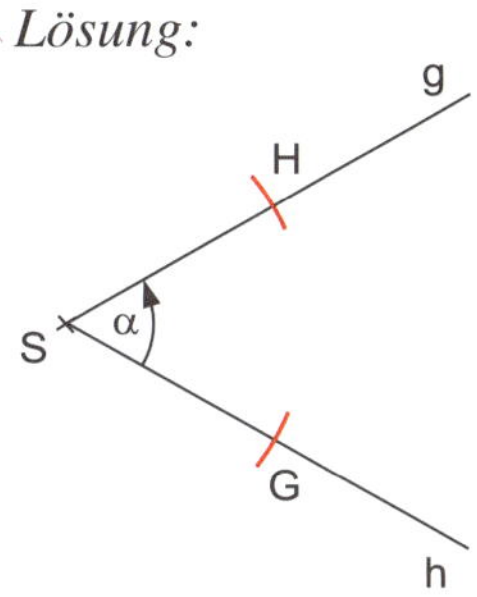

- Zeichne den Winkel α. Bezeichne die Schenkel mit g und h.
- Zeichne einen Kreisbogen um den Scheitel S mit einem beliebigen Radius r. Der Kreisbogen schneidet den Schenkel g im Punkt G und h im Punkt H.

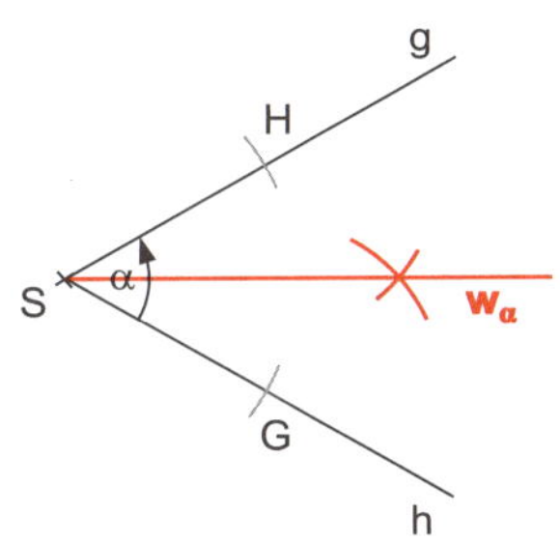

- Zeichne je einen Kreisbogen um G und H mit dem gleichen Radius.
- Verbinde den Schnittpunkt der Kreisbögen mit dem Scheitelpunkt S. Du erhältst die Winkelhalbierende w_α.

2. Zeichne einen spitzen Winkel α und halbiere ihn **mit dem Geodreieck**.
Lösung:

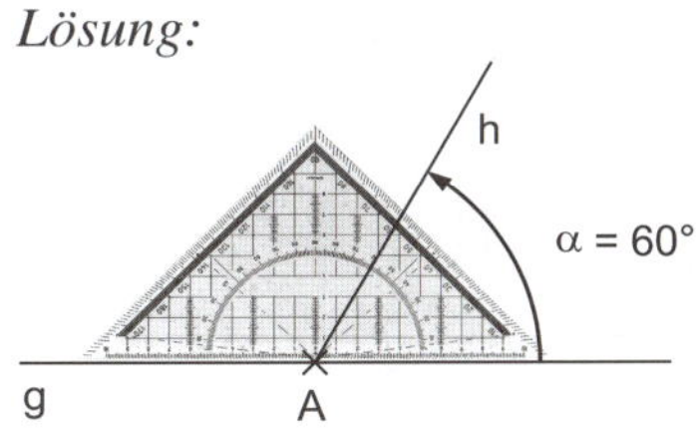

- Zeichne einen Winkel α und miss mit dem Geodreieck seine Größe (hier: $\alpha = 60°$).

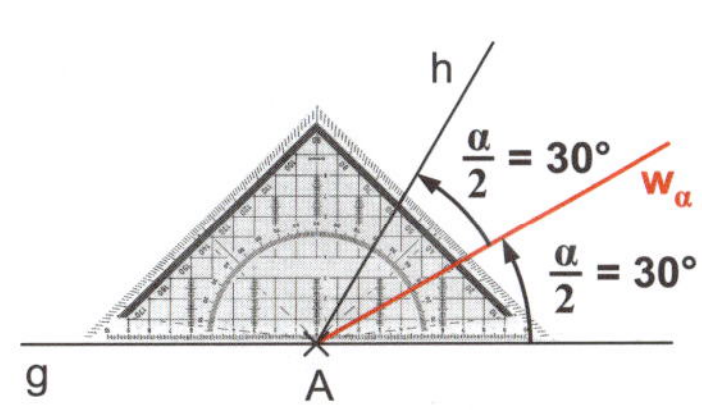

- Berechne die Hälfte des Winkels α (hier: $\frac{\alpha}{2} = 30°$).
- Zeichne mit dem Geodreieck den Winkel $\frac{\alpha}{2} = 30°$.
- Zeichne die Winkelhalbierende w_α ein.

Merke

Mittelsenkrechte

Die zu einer Strecke [AB] senkrechte Gerade durch den Mittelpunkt der Strecke nennt man **Mittelsenkrechte m**.
Sie steht **senkrecht** auf der Geraden AB und **halbiert** die Strecke [AB].
Die Mittelsenkrechte ist auch die **Symmetrieachse der Strecke [AB]**.

Beispiele

1. Konstruiere zur Strecke $\overline{AB} = 5\,\text{cm}$ die Mittelsenkrechte m **mit Zirkel und Lineal**.
Lösung:

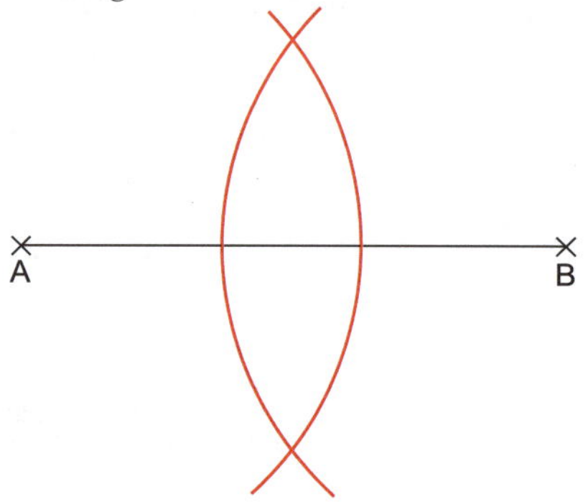

- Zeichne mit dem Lineal die Strecke $\overline{AB} = 5$ cm.
- Schlage einen Kreisbogen um A und B mit jeweils dem gleichen Radius r > 2,5 cm.

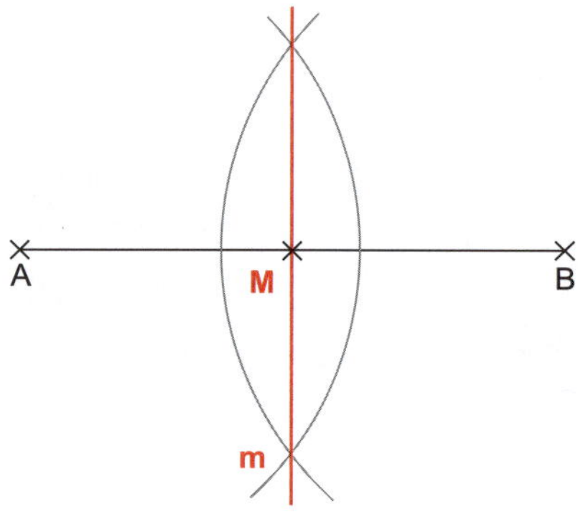

- Verbinde die Schnittpunkte der Kreisbögen.
- Die Gerade durch die Schnittpunkte ist die Mittelsenkrechte m zur Strecke [AB] und halbiert die Strecke [AB] in Punkt M.

2. Zeichne zur Strecke $\overline{AB} = 5\,\text{cm}$ die Mittelsenkrechte m **mit dem Geodreieck**.
Lösung:

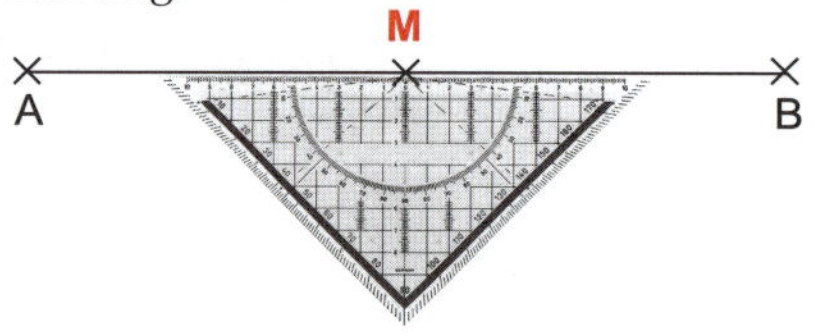

- Zeichne mit dem Geodreieck die Strecke $\overline{AB} = 5$ cm.
- Markiere den Mittelpunkt M der Strecke [AB].
- $\overline{AM} = \overline{MB} = 2{,}5$ cm

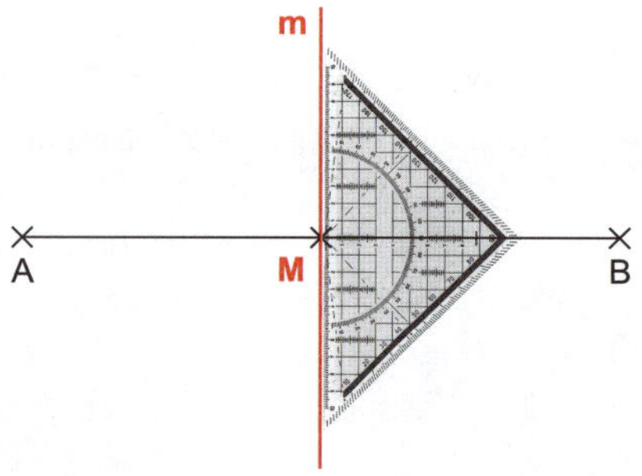

- Zeichne mit dem Geodreieck die Mittelsenkrechte m durch den Punkt M.

Aufgaben

295 Zeichne die folgenden Strecken: $\overline{AB} = 8$ cm; $\overline{CD} = 6{,}8$ cm; $\overline{EF} = 4{,}8$ cm; $\overline{GH} = 7{,}4$ cm.
a) Konstruiere die Mittelsenkrechte mit Zirkel und Lineal zu $\overline{AB}$ und $\overline{CD}$.
b) Errichte die Mittelsenkrechte mit dem Geodreieck zu $\overline{EF}$ und $\overline{GH}$.

296 Konstruiere die Mittelsenkrechten zu jeder Dreiecksseite und bezeichne den Schnittpunkt aller Mittelsenkrechten mit M.
Zeichne einen Kreis um M mit Radius $\overline{MA}$. Was stellst du fest?

a)
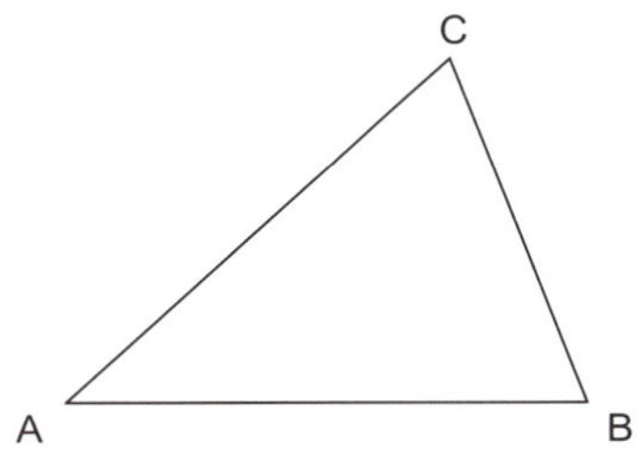

b)
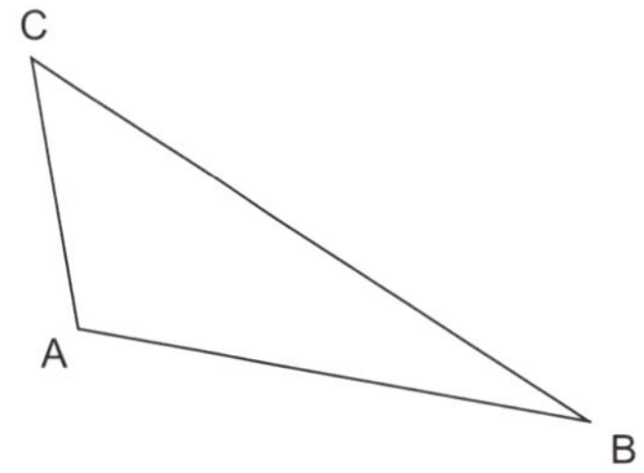

297 Führe folgende Konstruktionen aus:
a) Konstruiere ein Dreieck mit $c = 8$ cm, $\alpha = 61°$ und $\beta = 43°$.
Zeichne dazu erst eine Planfigur und trage die gegebenen Seiten bzw. Winkel ein.
b) Konstruiere die Mittelsenkrechte zu jeder Dreiecksseite.

298 Führe folgende Konstruktionen aus:
a) Konstruiere ein Dreieck mit $a = 5{,}0$ cm, $b = 5{,}9$ cm und $c = 7{,}5$ cm.
Zeichne dazu erst eine Planfigur und beschrifte die gegebenen Seiten.
b) Konstruiere zu jedem Winkel die Winkelhalbierende.

299 Trage in ein Koordinatensystem folgende Punkte ein:
A(1 | 1); B(5 | 2); C(2 | 5); D(6 | 1); E(13 | 1); F(13 | 6); G(6 | 6)
a) Verbinde die Punkte A, B, C zu einem Dreieck und die Punkte D, E, F, G zu einem Viereck.
b) Konstruiere jeweils die Mittelsenkrechten zu jeder Dreiecksseite sowie die Mittelsenkrechten zu den Seiten des Rechtecks.

300 Trage in ein Koordinatensystem folgende Punkte ein:
A(1 | 2); B(7 | 2); C(7 | 6); D(1 | 6); E(8 | 0,5); F(14 | 1,5); G(11 | 7)
a) Verbinde die Punkte A, B, C, D zu einem Rechteck und die Punkte E, F, G zu einem Dreieck.
b) Konstruiere mit Zirkel und Lineal alle Winkelhalbierenden im Rechteck ABCD.
c) Konstruiere mit Zirkel und Lineal alle Winkelhalbierenden im Dreieck EFG.

301 Die drei Städte Bonn, Köln und Siegen bilden auf der Landkarte ein Dreieck. Die Entfernung (Luftlinie) zwischen Bonn und Köln beträgt 25 km.
Die Entfernung zwischen Köln und Siegen beträgt 90 km und die Entfernung zwischen Siegen und Bonn 85 km.
a) Fertige eine Planfigur des Dreiecks an.
b) Konstruiere das Dreieck im Maßstab 1 : 1 000 000.
c) Beschreibe den Konstruktionsvorgang.
d) In welchem Winkel treffen die Luftlinien in den jeweiligen Städten aufeinander?

Original-Prüfungsaufgaben

NRW: Zentrale Prüfung 2015 – Mathematik
Hauptschule Typ A / Gesamtschule GK

Prüfungsteil 1

Aufgabe 1

Ordne die Zahlen nach ihrer Größe. Beginne mit der kleinsten Zahl.

0,44 $\quad$ –3 $\quad$ 0,5 $\quad$ $\frac{4}{10}$ $\quad$ –2,5

Aufgabe 2

Notiere in der angegebenen Maßeinheit:

20 m = ____________ cm

2,2 m = ____________ cm

0,021 km = ____________ m

Aufgabe 3

Löse die Gleichung $2x + 1{,}8 = 3{,}6 - x$

Aufgabe 4

Hendrik, Jan und Ole erhalten von ihren Eltern insgesamt 31 € Taschengeld.
Hendrik erhält doppelt so viel wie Jan, Ole bekommt 3 € mehr als Jan.
Bestimme, wie viel Taschengeld jedes Kind erhält.

Aufgabe 5

a) Zeige, dass die zylinderförmige Regentonne ein Volumen von ungefähr 472,5 Litern hat.

b) Wie viele Liter Wasser sind ungefähr in der Tonne, wenn sie zu einem Drittel mit Wasser gefüllt ist?

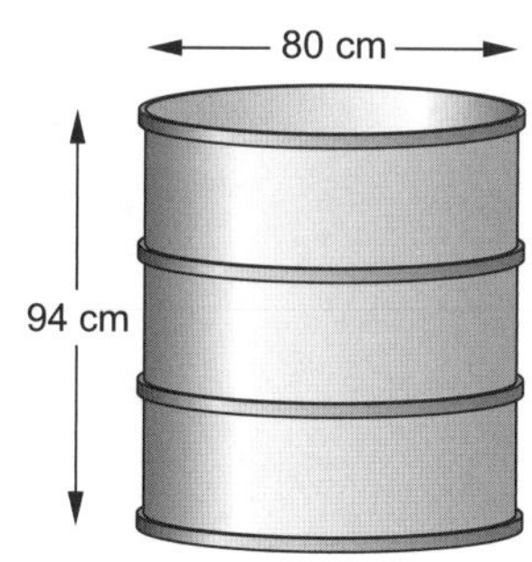

Abbildung 1: Regentonne

Aufgabe 6

Auf der Abbildung siehst du einen Bohrkopf für den Gotthard-Tunnel in der Schweiz. Schätze den Durchmesser des Bohrkopfes. Beschreibe, wie du vorgegangen bist.

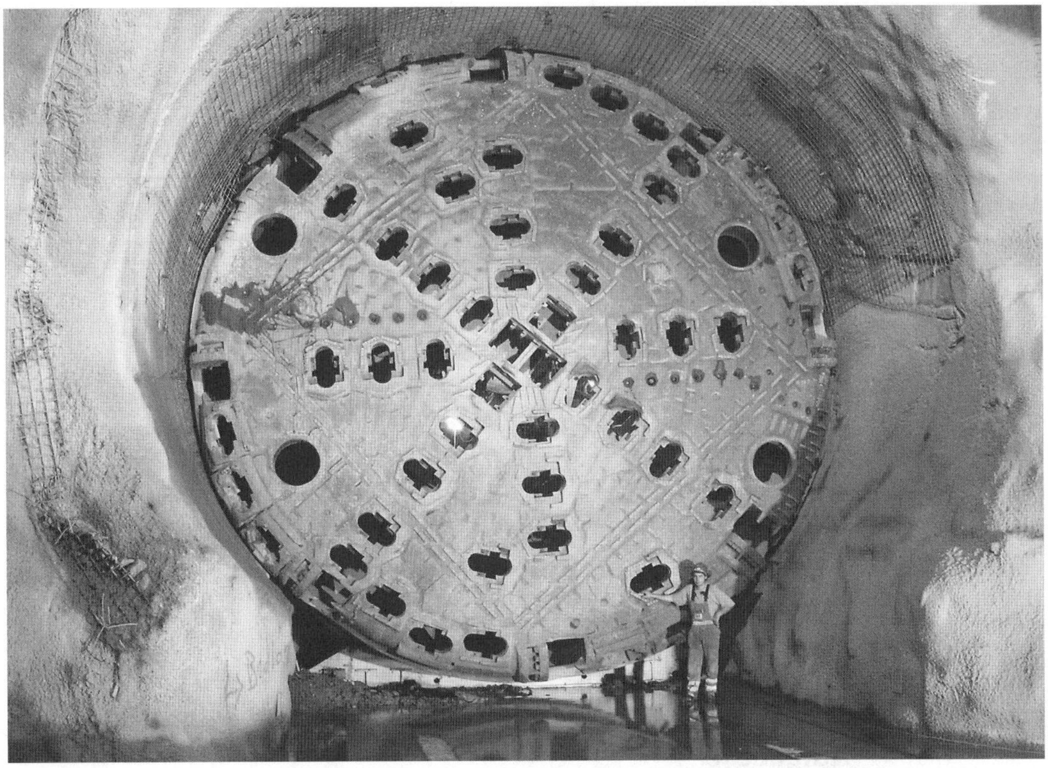

Aufgabe 7

Aus einem Behälter mit 2 blauen, 4 gelben und 3 roten Kugeln wird einmal gezogen.

a) Wie hoch ist die Wahrscheinlichkeit, eine rote Kugel zu ziehen?

b) Wie hoch ist die Wahrscheinlichkeit, *keine* gelbe Kugel zu ziehen?

Prüfungsteil 2

Aufgabe 1: Bahnfahrt

Jan, Furkan und Temirlan möchten mit der Bahn von Essen nach Köln fahren. Sie schauen sich den Fahrplan des Zuges an (Abbildung rechts).

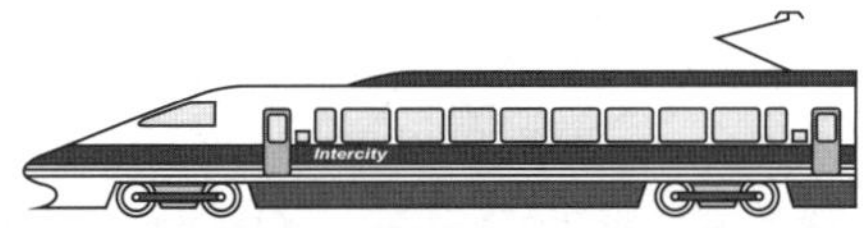

Station	Ankunft	Abfahrt	Gleis
Essen Hbf	15:00	15:04	1
Duisburg Hbf	15:16	15:18	2
Düsseldorf Hbf	15:32	15:34	15
Köln Hbf	15:57	16:01	4

a) Wie viele Minuten dauert die Fahrt mit dem Zug von Essen bis Köln?

b) Die Strecke der Bahnlinie von Essen nach Köln beträgt 87 km. Das Ticket für die Hinfahrt kostet 13 €. Der Anbieter wirbt mit dem Satz: „Fahrpreis nur 5 Cent pro Kilometer."
Stimmt die Werbung für diese Strecke? Vergleiche die beiden Angaben und entscheide.

Im Internet sehen sich die drei Freunde den Verlauf der Zugfahrt von Essen nach Köln in einem Diagramm an.

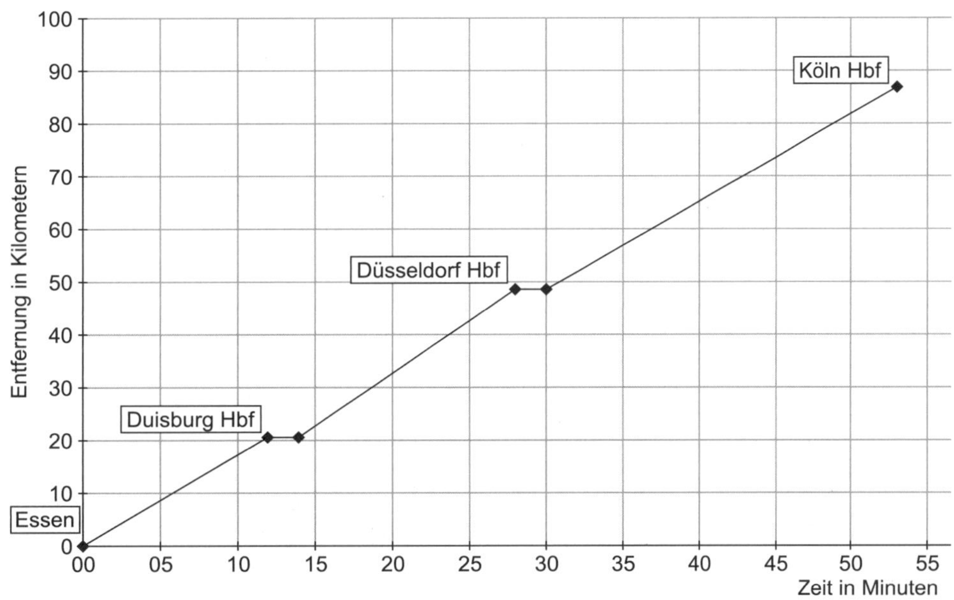

c) Begründe den Zusammenhang zwischen dem Verlauf der Zugfahrt und den waagrechten Abschnitten des Graphen.

d) Auf welchem Streckenabschnitt wird die höchste Durchschnittsgeschwindigkeit erreicht? Begründe mithilfe des Graphen.

e) Die Bahnstrecke zwischen Duisburg und Düsseldorf ist 27 km lang.
Bestimme die Durchschnittsgeschwindigkeit des Zuges in Kilometern pro Stunde zwischen den Städten Duisburg und Düsseldorf.

Aufgabe 2: Das erste eigene Auto

Emre spart für ein eigenes Auto. Er hat Anfang Januar 2015 einen Sparvertrag abgeschlossen und 1 200 € eingezahlt. Er möchte im Januar 2016 und im Januar 2017 nochmals jeweils 1 200 € auf dieses Sparkonto einzahlen.

Emre nutzt zur besseren Übersicht eine Tabellenkalkulation:

	A	B	C	D
1	**Sparkonto für den Autokauf**			
2				
3		**jährliche Einzahlung in €**	1 200,00	
4		**Zinssatz in %**	1,75	
5				
6	**Jahre**	**Guthaben in € zu Beginn des Jahres**	**Zinsen in €**	**Guthaben in € am Ende des Jahres**
7	1	1 200,00	21,00	1 221,00
8	2	2 421,00	42,37	2 463,37
9	3	3 663,37	64,11	3 727,48

a) Welchen Betrag zahlt Emre in den drei Jahren insgesamt auf das Sparkonto ein?

b) Bestätige an einem Beispiel durch eine Rechnung, dass der jährliche Zinssatz 1,75 % beträgt.

c) Berechne die Zinsen, die Emre insgesamt in den drei Jahren erhält.

d) Zelle B8 zeigt das Guthaben zum Beginn des zweiten Sparjahres an.
Mit welcher Formel kann Emre diesen Wert berechnen lassen?

e) Kreuze an, welche der drei Formeln Emre für die Zelle C8 benutzt hat.

- ☐ =B8 * 1,75
- ☐ =B8 * C4/100
- ☐ =B8 * C4/12

f) Emre möchte sich einen Neuwagen für einen Preis von 25 000 € kaufen. Er rechnet mit einer Anzahlung von 20 % des Preises. Reicht das Guthaben am Ende des dritten Jahres für diese Anzahlung? Notiere deine Rechnung.

Aufgabe 3: Trapeztische

Trapeztische sind in Schulen und Büros sehr beliebt, da sie sich als Gruppentische vielfältig kombinieren lassen.

Die Maße eines symmetrischen Trapeztisches kannst du der Abbildung 1 entnehmen.

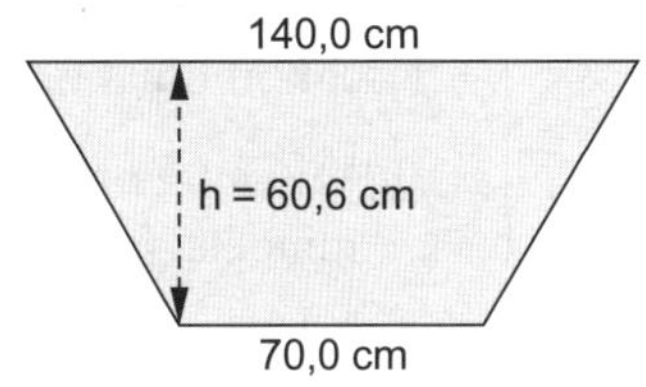

Abbildung 1

Eine sechseckige Tischkombination besteht aus zwei Trapeztischen (siehe Abbildung 2).

a) Wie weit sind die Tischkanten der Plätze A voneinander entfernt?

b) Berechne den Flächeninhalt der sechseckigen Tischkombination. Gib das Ergebnis in m^2 an.

c) Die Tischkante an den Sitzplätzen A ist 70 cm lang. Zeige durch eine Rechnung, dass die Tischkanten an den Sitzplätzen C und B ebenfalls 70 cm lang sind.

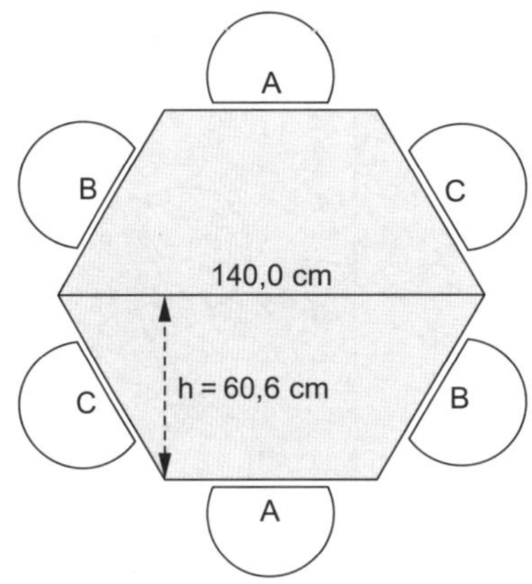

Abbildung 2

Eine zweite Tischkombination besteht aus vier Trapeztischen. Diese bietet Sitzplätze für neun Personen (siehe Abbildung 3).
Der Hersteller bietet passend zu den Trapeztischen auch dreieckige Tische an.

d) Ergänze die abgebildete Tischkombination mit drei dreieckigen Tischen zu einer Tischkombination in Form eines großen Dreiecks.
Zeichne dazu die zusätzlichen Tische in die Abbildung 3 ein und gib die Anzahl der Sitzplätze der neu entstandenen Tischkombination an.

Abbildung 3

Eine weitere Tischkombination (siehe Abbildung 4) besteht aus sechs Trapeztischen und bietet Platz für zwölf Personen. Der Abstand zwischen den Außenkanten bzw. Ecken der Tischkombination und der Wand des Raumes muss mindestens 1 m betragen.

e) Wie lang und wie breit muss ein rechteckiger Raum für diese Tischkombination mindestens sein? Begründe durch eine Rechnung.

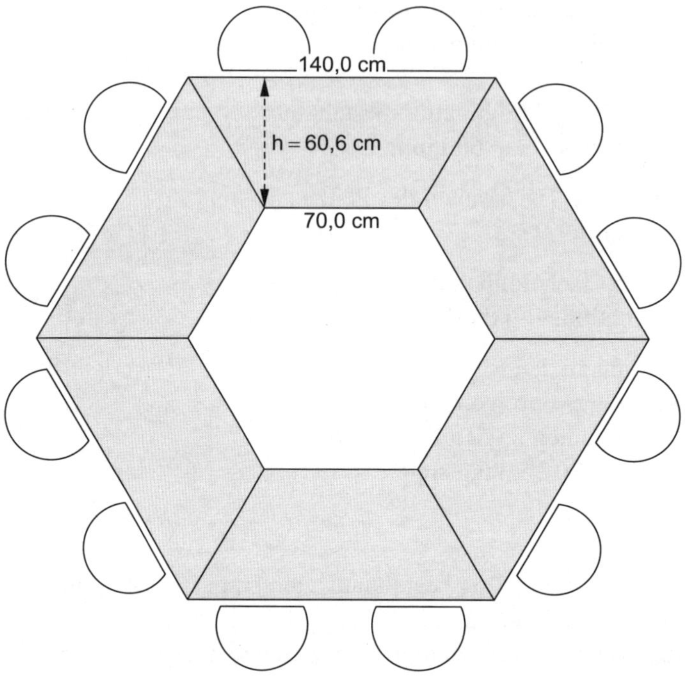

Abbildung 4